美味秘诀大公开!

小嶋老师的美味点心秘诀

小店　　　　曲奇
mitten
特色　　　　妙芙
操作简单的

海绵蛋糕

[日]小嶋留味　著

李倩李瀛　译

辽宁科学技术出版社
沈阳

contents

第3章

简单平实的蛋糕

contents

第4章

法式全蛋海绵蛋糕

小专栏

小嶋留味

　　日本鹿儿岛县生人。日本大学艺术系音乐专业毕业。曾任职于食品相关公司，与做厨师的丈夫结婚后转行迈入点心制作业。在东京制果专科学校学成后，曾在新宿的中村屋Floritte咖啡店实习。1987年在东京小金井市开办甜品屋Oven·mitten。她和女店员一同制作的甜品简单素雅、品种多样，可以充分突出材料本来的味道。

　　该甜品店备受欢迎，现在在东京可谓首屈一指，并且她兼营的甜品教室也人气颇高。除此之外，小嶋女士还经常与国内外点心师交流，追求新的口味，不断探索口味更佳的制作方法。

新田亚由子

　　在东京某西点店积累了一定的经验后，在东京制果专科学校学习点心制作工艺。2007年与妹妹一同在东京·东麻布创建了点心作坊RESSOURCES，传授从基础到实践的技巧，作为点心教室颇受好评。新田女士在"Oven·mitten"作为点心教室的员工，曾任教室运营助理及实践操作讲师。

东原绫子

　　东京制果专科学校学生。1997—2005年在"Oven·mitten"跟随小嶋留味女士学习。2007年在东京昭岛开办甜品店"点心作坊Le signet"。每天致力于将点心能温暖人心的魅力向更多的人传播。人气甜品是布丁。

点心师助手　上野夏贵　鸭井幸子
摄影　广濑贵子
美术设计　大野美奈（ME & MIRACO）
造型　田中美和子
文案　平岩理绪
编辑　小田真一（主妇与生活杂志社）

前　言

为了能做出可口的点心而不至失败，
我给大家准备了"简单的操作方法"

　　我希望本书能作为新手上路的"入门教科书"，或者作为一直以来按照自己方式做点心的人的"再入门教科书"。精心凝练的配方、翔实的说明、正确的搅拌方法——这些都满载了制作可口点心所需的基础知识和操作方法。我认为将这些毫无保留地传授给大家，是作为一名专业人士的使命。但，首先还是希望新手们能对这些方法略知一二。

　　刚刚虽然提及了"知识"、"技巧"这些字眼，但你们不用拉开架势严阵以待。说到底这些不过就是在家里做点心时打发蛋液、搅拌材料的方法……如此之类而已。但是，点心即使在家里做，毕竟本身要求细致，所以也得处处留意各类要点和诀窍才好。

　　这些个"要点"、"诀窍"，本书称之为"简单操作技巧"，是我考虑良久，降低难度，专为居家操作而设计的。本书汇集的点心，其制作工序并不复杂，都是想做就能立刻完成的（当然这些都好吃得不得了），而且配方中能简化的地方就简化，尽量压缩时间，以求减少失败。比如冰曲奇就采用了容易成形的三角形，咸蛋糕糊用3根筷子搅拌等。这些小要诀一个个并不起眼，但在点心制作中却能发挥很大的效果。

　　我由衷地希望大家都能掌握这些"简单技巧"。当您做出来的点心格外好吃时，想必自己也会被这美味感动吧。以后再操作时也会少了一份茫然，点心之路也会一帆风顺的。衷心希望大家都能从中体会到做点心的乐趣。

　　当然，搅拌方法中"简单技巧"其实并不简单，必须"久经沙场"才能习惯成自然。可是我相信总有一天，您一定会吃着做好的点心，满口留香地沉浸在幸福的海洋之中的！如果您做到了，那么我也会非常开心的。

小嶋留味

配方总则

[全蛋]

○当材料为"全蛋"时,是指搅好后的蛋液。用打蛋器操作时要仔细搅拌,尽量不要出泡。

[黄油软化]

○刚从冰箱中取出的黄油很硬,不好打发,要黄油温度适当才行。这里的适当是指可以使黄油迅速打发的温度,即20~22℃。判断标准:手指轻压后软塌凹陷[1]。但是黄油的温度会随着点心制作发生变化。因此打发黄油前,因黄油在夏季会比较稀软,应保持在17~19℃;冬季不易软化,则应保持在22~23℃,才能"适当"地软化。

○黄油从冰箱取出后,计量好后用保鲜膜包好,并使其整体薄厚在1.5cm左右,这样可以使黄油整体温度一致[2]。最好将黄油置于室内,待其自然回温至适当的温度后操作,但冬日里不易回温,则要先把烤箱预热30秒,然后将包好的黄油放进去,利用余温使其慢慢软化。也可以放入可设定温度的微波炉中直接加热。

[面粉过筛]

○低筋面粉要用细孔的面粉筛筛过才可用。操作台空间有限,所以面粉过筛时晃动筛网不如把手伸到筛网里画圈[3],这样做面粉不会四溅,效率也高。面粉过筛时下面事先铺上蛋糕专用硅油纸。需直接筛入盆中时也用这种方法操作[4]。

[烤箱预热(烤成温度×××℃)]

○电烤箱有一个问题,就是烤箱好不容易预热好,一开门温度就急转直下。因此,预热时温度要设定在比制定温度高出10~20℃程度,预热10分钟左右。面坯放入烤箱后就可以按照书中的烤成温度烘焙了。

[其他]

○1大茶匙为15ml,1小茶匙为5ml。

○微波炉的加热时间以功率600W的为准。500W的微波炉时间是其1.2倍。

○平底锅使用的是氟化乙烯树脂涂层的不粘锅。

○本书中在用到"简单操作方法"的地方会用SIMPLE标示。本书汇集了许多制作要诀,包括收尾时使口感陡然增色的小窍门,还有尽可能使操作更简化的小诀窍,等等。

工具及其用法

本书所需工具一览
请至少把这些备齐

[搅拌盆]

我一直使用的是无印良品的不锈钢盆。它底部宽，侧壁弧度大，用橡皮刮刀或打蛋器搅拌时效率高，用电动打蛋器操作时材料也易发泡。要备一个直径21cm大的盆，再搭配一个用作搅拌少量材料的17cm的小盆。

[橡皮刮刀]

由耐热性硅胶树脂制成。手柄与前端一体成形的刮刀便于清洗，这样也易保持洁净。本书中刮刀可搅拌发泡的蛋液，或是在黄油中倒入面粉加以拌和。此外，制作法式莎布雷油酥时需要大力地刮搅，刮刀也能派上用场。

[电动打蛋器]

用于打发蛋液、黄油。搅拌头不要使用钢丝状的，要用扁平花叶状的。如图所示，不要使用前端尖细的，要用上下一般粗的。这样打发效率比较高。本书根据浆料状态分别用高速或低速打发。打蛋器的厂家、机型各不相同，有时会力量不足，请时时留意浆料状态，自行调整搅拌时间。

[电子秤]

本书的材料精确到g（克），所以您的电子秤一定要有电子显示。小小的1g就会影响整体口味，请正确计量。

[打蛋器]

用于搅拌液体、刮搅黄油和砂糖等。根据盆的形状、大小及浆料的量，建议备齐两种搅拌器。本书中使用了9号（长27cm）和7号（21cm）打蛋。

[万能筛网]

用于给面粉过筛。筛低筋面粉时要用细孔筛。杏仁粉颗粒大，要用粗孔筛。上图中左图是细孔筛，右图是粗孔筛。

[刮板]

弧形部分用于舀盛、聚拢材料，直线部分用于刮平面糊。此外，也可刮净盆壁上挂着的材料。

[毛刷]

用于给烤好的蛋糕刷糖浆。建议使用刷毛较长、韧度强、有弹性的毛刷。

[烤盘纸]

烤制莎布雷油酥时垫在烤盘里，或铺在模具里的纸。烤盘纸除了一次性材料，也有可反复使用的玻璃纤维材质。烤盘纸若垫在烤盘里，最好是用过数次后再使用，这样烤出来的点心坯不易散，好成形。

[线手套]

线手套比隔热手套更偏于取放烤盘，也便于其他操作。

材料及选材方法

本书介绍的点心均可突显材料本身的味道。因此，我希望大家在挑选材料时要挑剔些。

[低筋面粉]

本书使用的是日清"紫罗兰"面粉。除了烘焙用品专卖店，在超市中也可以买到。制作点心尽量用新鲜面粉，因此面粉贮藏时要避免受潮。本书只在制作蛋糕时用到了细颗粒的"特级紫罗兰"面粉，该种面粉能做出较松软的蛋糕坯，也易上卷成形。

[细砂糖]

本书使用的是做点心用的细颗粒。这种糖易溶且与黄油搅拌后发泡质量很高。找不到时也可以将普通的糖放在搅拌机里研磨细。粗粒、细粒两种都可以撒在饼干上。

[绵白糖]

可用于点心收尾或与浆料拌和。制作点心时建议选用不含玉米淀粉的纯糖。本品极易受潮，贮存时请密封。

[黄油]

发酵黄油（左图）与不发酵黄油（右图）均为无盐（不含食盐成分）型。无论使用哪种都要选用新鲜黄油。如果配方中指名要用"发酵黄油"，最好选用这款。使用发酵黄油要比使用未经发酵的普通黄油的味道更醇厚、更有风味。

[鸡蛋]

本书使用M号鸡蛋，此蛋蛋黄、蛋清比例适中。材料表中出现"全蛋"时，需要事先打散搅匀。而且一定要用新鲜美味的鸡蛋。

[淡奶油]

本书介绍的点心均使用了乳脂含量在45%的淡奶油。混入乳脂含量低的或植物奶油会影响点心的口味。如果无特别注明，淡奶油不必事先从冰箱中取出回温，可取出后直接使用。

[香草豆荚]

本书使用波路梦公司（马达加斯加产）发售的香草豆荚。它的味道熟悉，用起来得心应手。香草豆荚中，外形饱满、表面滑腻的为上品。开封后用保鲜膜包严放在密封袋中冷藏。

[泡打粉]

本书使用的是老牌AIKOKU的泡打粉。最近市面上出现了不含铝的品种，但烤出来的口感和口味都稍显不同。

"搅拌方法"中的简单技巧

我想如果把"搅拌方法"说成点心制作最重要的部分也并不为过。正是各种"搅拌方法"的组合，才使原料"团结"在一起，蛋糕糊才能一步步制作而成。

学会规范的搅拌方法，每次就会做出质地相同的蛋糕糊。所以每次才能品尝香甜可口的点心。本书将详细介绍常用的"搅拌方法"，请务必仔细阅读并动手操作起来吧！

三角搅拌法

这种方法用于制作莎布雷油酥，搅拌时，黄油和细砂糖可以裹入适量空气。等黄油呈现大多数配方中描述的"略发白"状态，就打发好了。这种搅拌方法多用于打发奶油奶酪等质地较硬的材料。

冰曲奇（P18）/黄油核桃酥饼（P24）
免烤芝士蛋糕（P92）

1 握住打蛋器手柄钢丝连接处

以往搅拌都是握着手柄操作，但在三角搅拌法中需要大力操作，如图所示握紧手柄和钢丝的连接处。

2 在大脑中定好盆中正三角形的位置

在大脑中定好盆中正三角形的位置，将打蛋器前端抵住顶点的位置。

3 沿着三角形左边快速由上至下刮搅

在大脑中定好盆中正三角形的位置，将打蛋器沿着三角形左边的边，快速由上至下（不要由下至上）刮搅5~7次。

4 一只手转盆，继续刮搅

一只手将盆顺时针旋转120°，重复第2步和第3步的动作，这样当盆转至1周时，盆中材料的刮痕呈三角形就可以了。上下刮搅时，打蛋器速度使聚集在钢丝中的材料微微溅出，小盆共计旋转5周。

莎布雷搅拌法

搅拌的材料多用于制作曲奇、莎布雷。一般在三角搅拌法之后进行，是一种用橡皮刮刀就能将黄油和面粉快速切匀拌和的方法。搅好后按右边的压拌法继续操作。

冰曲奇（P18）/黄油核桃酥饼（P24）/法式莎布雷酥球（P30）/咸味芝士饼（P32）/半球酥（P34）

1 橡皮刮刀从盆底最里侧由右至左划动

刮刀由盆底靠右的最里侧切入，要垂直于底部，稍稍用力抵住。另一只手扶住盆的8点钟位置。

2 画直线，把材料推到盆边

刮刀保持垂直贴盆底向左下方推，聚拢在一起。

3 将刮刀错开一段距离依次将所有材料推到盆边

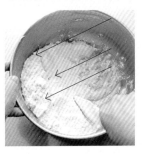

第1步起始的位置向下错开入刀。然后按同样方法刮5~6下。

4 单手转盆，继续操作

刮搅好后，单手将盆顺时针转180°，返回第1步依次操作。

5 材料呈颗粒状将其归拢到一块

有节奏地反复操作后，材料从粉末状逐渐变成了细颗粒状。之后要采用"压拌法"，所以要把材料轻轻挤压，归拢至搅拌盆的里侧。

压拌法

由于莎布雷搅拌法无法使材料完全糅合均匀，里面多余的空气需要挤出去才行。这种方法主要用于完成"莎布雷"面坯，使之烤好后口感细腻。

冰曲奇（P18）/黄油核桃酥饼（P24）/法式莎布雷酥球（P30）/咸味芝士饼（P32）/半球酥（P34）

1 握住橡皮刮刀前端，将面坯归到一处

将面坯推至盆底里侧，握住橡皮刮刀前端从左侧压上去。

2 将面坯向身体一侧碾平

将面坯碾平，用橡皮刮刀将料推到身体一侧。

3 不要在同一位置碾压，错开碾平拌和均匀

每次碾压时都稍错开些，依次碾压4~5次将面坯推赶至身体一侧。面坯整体都要碾到，碾压后盆底留有薄薄一层面坯为佳。注意若每次在相同位置碾压会使面坯质地不够均匀。将盆旋转，使归拢好的面坯永远保持在最里侧。

4 面坯拌和好后质地均匀，不黏手

这样将盆旋转2~3次，一共碾压10~15次后，面坯用手摸过不沾，质地均一，略发白就表示碾压搅拌成功了。用刮板将黏在盆壁上的面刮净，将面坯整合成团。

电动打蛋器（高速）

如果面糊打发时需要一气呵成且裹入空气，可开高速打发。另外，打蛋器本身也要不停画圈。

1 将搅拌头垂直插入盆中

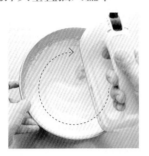

关上电源将搅拌头插入。搅拌头垂直轻触盆底即可。另一只手在盆的9点钟位置扶住。

2 电动打蛋器沿盆壁画圈

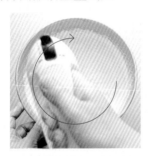

开高速，搅拌头贴紧侧壁，沿盆壁画大圈。搅拌时略有金属碰撞声也不必介意，保持该姿势10秒，沿盆壁转20圈。

侧面效果

打蛋器操作时要垂直于面糊。持续打发后，面糊体积会膨胀，此时要将搅拌头适当拉高。

电动打蛋器（低速）

用于高速打发后整合面糊，使之更细腻均一。此时气泡会更微小，也会更上劲。

1 电动打蛋器停在身体一侧打发15~20秒

高速打发后换至低速，将打蛋器垂直插入靠近身体一侧的面糊中不动。搅拌头垂直于表面，提起来的高度刚好能挨着盆底。另一只手扶住盆的9点钟位置。保持不动打发15~20秒，这样打蛋器周围的大气泡都被卷进去，气泡也变得细小。出现这种情况就说明面糊已调和得细腻均匀了。

2 转盆换个位置继续打发

打发15~20秒后，另一只手将盆按逆时针转30°，打蛋器不动就可以改变打发的位置。这样依次打发至面糊均匀光亮要2~3分钟。

侧面效果

搅拌盆不要一点点地转，保持打蛋器的姿势稳稳地操作。

杰诺瓦士（法式海绵蛋糕）搅拌法

由于这种方法经常用于制作法式海绵蛋糕（全蛋打发），也叫杰诺瓦士（音译），本书才将其这样命名。其他书中这样形容这种搅拌法：搅拌时"割开面糊""断开面糊"。其实，搅拌时恰恰相反，要用刮刀面而不是刮刀背，这样每次可以搅拌到更多的面糊。它主要在全蛋、黄油、巧克力上加面粉搅拌时用到。搅拌时从盆的一端沿直径划过圆心到另一端，大幅快速搅拌。

香蕉杯装蛋糕（P58）/杂莓芝士妙芙蛋糕（P60）/黑加仑熔岩巧克力蛋糕（P66）/榛仁布朗尼（P68）/法式蔬菜咸蛋糕（P70）/美式玉米面包（P75）/草莓蛋糕（P80）/原味蛋糕卷（P84）/水果蛋糕卷（P88）

1 从2点钟位置开始，向8点钟位置划去

橡皮刮刀贴盆壁从2点钟位置入刀，刀柄稍稍向右下方倾斜。另一只手在盆的9点钟位置扶牢。

2 橡皮刮刀的刀面要与盆底垂直，让刮刀刀面都能接触到面糊，参与搅拌。

橡皮刮刀刀面垂直于面糊，贴着盆底通过中心向8点钟位置刮去。刮刀刀面推着面糊前进。

3 刮刀翻转，同时左手逆时针转盆

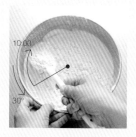

刮刀到达8点钟位置，另一只手转盆。转盆时刮刀要沿着盆壁向10点钟方向翻转。像杰诺瓦士这样比较轻盈的面糊可以立即翻转，但妙芙面糊较重，刮刀可在划至中心时翻转。

4 有节奏地反复操作，制作质地均一的面糊

重新从2点钟位置入刀，按配方方法反复翻搅各类面糊。搅拌次数、速度以及最终状态都不尽相同，一定要遵循配方所述。另外，在搅拌过程中，面糊会高低不等地黏在盆壁上，不必介意，只需保持住每次入刀的高度，也就是搅拌前面糊水平的高度就可以了。

咸蛋糕搅拌法

用于制作法式咸蛋糕等点心时使用。这是一款在鸡蛋、牛奶等液体中直接加入粉末材料时使用的搅拌方法。利用3根筷子搅至粉末基本消失就好，要尽量减少搅拌次数。如果使用打蛋器搅拌容易出筋，同时面坯也会上劲、变硬，而且还会有生面粉味，但用筷子就不必担心这些了。面坯烤好后就会毫无悬念地膨胀起来了。

法式蔬菜咸蛋糕（P70）/美式玉米面包（P75）

1 握住3根筷子

准备3根筷子。做菜用的长筷子又粗又长不太适用。小指和无名指夹1根，中指和无名指夹1根，拇指和食指夹1根，立起来时筷子近似三角形。

2 在搅拌盆中的一侧反复打圈搅拌

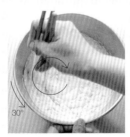

筷子拿好后垂直抵住盆底。在盆的一侧顺时针划出直径为12cm的圆，搅拌一圈后另一只手将盆逆时针转30°，1秒搅1圈。搅拌时拇指和食指握住的那根筷子要轻轻敲打到盆壁上。这样才能将盆壁上挂的面糊都搅拌到，保证质地均一。

3 搅拌至面粉的白色看不到为止

这样搅拌35~40圈，面粉的白色就基本消失了。面糊不会很细滑，芝士还有黏性，面坯呈厚重状态就好了。偶尔残留一些白色粉末也不要继续拌下去了。之后再加入蔬菜等材料大幅搅拌5~6次即可。

[橡皮刮刀的握法]
握住刀柄，食指伸直抵住刀柄和刀面连接处，刮刀圆弧部分朝下。

香草口味冰曲奇

先从曲奇的基本——冰曲奇开始制作。

黄油分量很足，为避免其软塌，要把面坯冷冻后再切块烘焙。

面坯搓圆成形对成手来说也是比较难的，所以本书将介绍三角形的制作方法。

材料单（可制作45块左右）

发酵黄油（无盐）— 110g

绵白糖 — 42g

香草豆荚 — 2.5cm

蛋黄 — 12g

低筋面粉 — 162g

细砂糖 — 适量

·细砂糖不用微粒，要用普通类型的。

POINT制作点心首先要精确计量各种材料，请记住。而且制作点心最忌慢吞吞地操作。一气呵成、迅速高效地操作也很重要。否则，面坯就会变成其他状态导致失败。

POINT开始之前，除了要备齐原材料，还要同时看好配方备齐所需的烘焙工具。本配方中会用到以下几种：用来盛蛋黄的小盆1个，制作面坯的大盆1个，打蛋器，橡皮刮刀，烤箱。

准备工作

○黄油软化。

POINT黄油状态参考P8。

○绵白糖和低筋面粉分开筛。

POINT筛法撒法参考P8。

○香草豆荚要用刀纵向剖开，取子备用。

○塑形用的烤盘纸或蛋糕专用硅油纸裁成宽30cm、长12cm大小。

·蛋糕专用硅油纸可在烘焙专卖店购买。

○烤盘铺好烤盘纸。

POINT烤盘纸材质各不相同，因此烤好后，面坯有时会松散，效果不好。建议使用玻璃纤维材质且注意不要用新纸，请使用用过几次的纸。

○烤箱预热（烤成温度170℃）。

POINT使用电烤箱时要先给烤箱预热，预热温度要比设定温度高10~20℃。因为开关烤箱门时会使箱内温度骤然下降。烤盘放入后请按书中所述的进行操作。

POINT预热时间要根据自家烤箱的情况自行斟酌。

MEMO

请放入干燥容器中保存。

搅拌盆中放入黄油、绵白糖、香草子，用橡皮刮刀搅拌。

POINT黄油如果事先进行搅拌会过度软化，也是造成面坯软塌的原因。

POINT搅拌后材料提起会软绵绵地立起来，说明搅拌好了。绵白糖会与材料充分溶合，搅拌时没有什么阻力。

换成打蛋器，按三角搅拌法搅至材料泛白。

POIMT三角搅拌法参考P12。裹入适量空气后材料稍稍泛白。但搅拌过度使材料中空气比重过大。反而刮痕的纹理会变粗。

蛋黄分2次加入后搅拌均匀。蛋黄的黄色消失后按三角搅拌法继续搅拌至泛白。

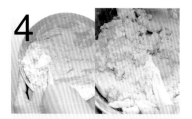

4

倒入低筋面粉，按莎布雷搅拌法（P13）搅至面坯呈散颗粒状。

5

将材料推至盆的里侧，按压拌法搅拌（P14）。

· 切记不要在同一位置反复碾压。一定要力道均匀地碾到所有的材料，因此每次开始碾压的起始位置都要错开一点儿。

6

材料整合好，表面发白细滑，此时用手揉成团后分为2份。

7

每个面团要放在一张烤盘纸上用来成形，面团放在手边一侧用指尖整合成三棱柱状。

· 此时大概整成形就可以。

SIMLE 做成圆柱体需要面坯软硬程度一致，因此事先要醒一下，但三棱柱体较易塑形，不需如此。这个形状的面坯不易产生空洞，手法不熟练的人也会做得很好。

8

将烤盘纸按面坯形状包上卷起，翻转面坯时将形状规整好。

· 裹成形时切记不能带入空气。

9

卷好后放入冰箱冷冻3小时以上将其冻实。烤前30分钟移至冷藏室，慢慢解冻。

10

细砂糖铺展开，面坯揭去烤盘纸放在上面，翻转且稍稍压一下，让面坯都蘸上糖。弄好后轻轻掸去多余的糖。

11

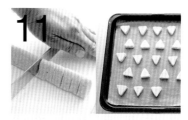

切成厚1.2cm的块，均匀地放在烤盘里排好。

·一只手可压在刀背前端，这样容易切块。

12

放入已预热的烤箱中烤15~17分钟，待底部和边缘都上色后即可。取出放在晾架上晾凉。

POINT 烤箱型号很多，这就决定了其特点都不尽相同。有的烤箱烤出的点心只有部分会上色，这时只要在时间过去4/5点心稍稍上色时，将烤盘调转方向继续烤就可以了。

焙煎芝麻口味冰曲奇

用市售水洗芝麻加工后会更焦香

材料、准备工作、制作方法均参照"香草冰曲奇"。只需将材料中的香草豆荚换成水洗芝麻（白、黑都2小茶匙香料粉即可）35g。水洗芝麻在平底锅中开火焙煎一下，出现"噼啪"声后关小火，待香味渐强、声音渐小后关火。芝麻煎好后分成两份，一份切碎（①），和另一份一起在第4步操作完之后倒入并拌匀（②）。

香辛口味冰曲奇

各种香辛料混合出最佳组合

材料、准备工作、制作均参照"香草冰曲奇"。材料中香草豆荚替换成香料粉含肉桂粉、姜粉、丁香粉、肉豆蔻按3：2：1：1混合而成（①）。在第4步面坯整合前加入搅拌（②）。塑形前不必拌匀，搅拌至照片程度（③）即可。

巧克力口味冰曲奇

可以做成圆形。本配方由新
田亚由子女士提供。

①

②

③

材料、准备工作、制作方法均参
照"香草冰曲奇"。配方中发酵
黄油62g、绵白糖50g；蛋黄换成
全蛋，粉末由低筋面粉77g、高筋
面粉38g、可可粉8g、泡打粉3g
混合而成，不放香草豆荚。将90g
考维曲巧克力（可可含70%）切碎
（①）后，在第4步中面坯整合前
加入拌匀。第6步中面团分为2块后
做成长30cm的圆柱（②），用烤
盘纸卷好（③）。

黄油核桃酥饼

本书介绍的黄油核桃酥饼烘焙时使用圆模，比较大。材料全部放入搅拌机搅拌，然后直接将粉状面坯放入烤盘。这种简单的制作方法人人都可以轻而易举地搞定。烘焙时采用了慕斯圈做模成形。面坯略厚，但由于加了细砂糖，所以口感格外酥脆。

材料单（直径15cm的慕斯圈1个）

发酵黄油（无盐）━ 65g

低筋面粉 ━ 117g

细砂糖 ━ 39g

盐 ━ 1小撮

核桃（去皮）━ 33g

准备工作

○黄油切1cm的块，冷藏30~60分钟。

○低筋面粉过筛备用。

○大块核桃可以用手掰成1cm大小的块。带皮核桃要放在预热160℃的烤箱中烤2~3分钟，在核桃还没变色前去皮掰成小块。

○烤盘上铺好烤盘纸，中央放上慕斯圈。

○烤箱预热（烤成温度170℃）。

MEMO

在可密封的容器中保存，要在味道发生变化前食用。核桃可用其他坚果代替。

1 除核桃外，将所有材料倒入搅拌机，黄油磨成细末，材料整体呈干粉状态。

2 加入核桃，搅拌10秒左右，核桃磨成米粒大小。

· 机型种类很多，但基本都要开10秒左右。注意要快速关上开关查看搅拌状态。

3 倒入慕斯圈。

SIMLE 这款点心无须在慕斯圈里涂抹黄油，材料也无须揉，更无须整合。只需把搅好的材料倒进模子里即可。这样才能使材料中融合适量的空气，口感酥脆。

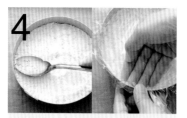

4

用汤匙将材料表面抹平。蒙上保鲜膜，用指尖将表面压实，使之薄厚均一，没有空隙。
· 黄油熔化后会黏手，隔层保鲜膜比较好操作。
· 按压时先用指背轻压，然后用指尖按实。

5

用叉子画出喜欢的图案。

6

放入预热好的烤箱中烤40~45分钟，酥饼表面微微上色，底面上色较重。此时取出脱模，放置4~5分钟稍晾一下，放在晾架上完全晾凉。
POINT 上色不均匀可以考虑在时间过去4/5，稍微有些上色时掉转烤盘继续烤。

其他口味

肉豆蔻口味酥饼

这款酥饼要用手擀开成形。轻薄松脆、酥得掉渣是它的迷人之处。面坯状态不易变化，所以不会失败，很适合新手操作。肉豆蔻香气怡人，促进食欲，回味十足。

材料单（可做9片左右）
发酵黄油（无盐）— 54g
细砂糖 — 27g
低筋面粉 — 77g
肉豆蔻（磨后）— 2小匙
核桃（去皮）— 33g

准备工作
○ 黄油软化。
○ 筛入低筋面粉。
○ 烤盘中铺上烤盘纸。
○ 烤箱预热（烤成温度160℃）

MEMO
放置可密封容器中保存，味道未变化前食用。
其他香辛料或香叶可代替肉豆蔻做成其他口味。

搅拌盆中倒入黄油和细砂糖。橡皮刮刀抵住盆底大幅用力碾压搅拌，直至材料均匀细滑。将材料归集在盆的左端，参考三角搅拌法（P12）要领，用刮刀轻轻刮搅，使其泛白出现光泽。

· 肉豆蔻可用专用研磨器研磨成粉。手边没有研磨器可用肉豆蔻粉代替，但味道会稍打折扣。

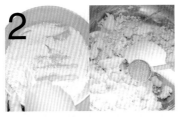

加入低筋面粉，按莎布雷搅拌法（P13）进行操作。待材料呈颗粒状后加入肉豆蔻末搅匀。

将材料集中在盆的里侧，采用按压搅拌法（P14）进行操作。

· 此时肉豆蔻大致搅匀即可。

用手将面坯揉成团，分成20g的小团。

· 分面团时每做一个团就放在秤上，秤上的数值每次都呈20的倍数，这样既精确效率又高。

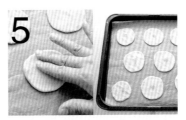

先用手将面团揉圆，用手掌压扁展开。然后放在烤盘中，中间要留空隙，在烤盘中用指尖将各个面饼推成直径7cm大小的薄饼。最后在每个面饼中心撒上一些肉豆蔻末。

· 烤好后酥饼还会变大，所以每个饼间要留出2~3cm的距离。

SIMPLE这款点心省去扣模、用擀面杖擀开等工序。直接用手在烤盘中擀开并送入烤箱。

在预热后的烤箱中烤10~12分钟，边缘和底面薄薄地上了一层颜色即可。取出后放置1~2分钟，然后放在晾架上晾凉。

· 烤好后不要立刻触碰，因为它太脆易碎，所以先在烤盘中稍放凉。

· 用锅铲将烤好的酥饼移到晾架上，这样比较不易碎。

简单的烤制点心 第1章

本章中介绍的小点心都是技巧简单、可以轻松搞定、让大家不费吹灰之力就能享用的烤制点心。配方中使用的材料少，稍改变打发、搅拌的方法，就能做出味道大不相同的东西来。因此，不要因为"简单"就小看这些点心的做法。一定要认真，这样做出来的点心才会格外香甜。

法式莎布雷酥球

轻盈、易化、松脆是这款法式莎布雷油酥球的最大特点。配方中不用全蛋，加入了杏仁粉，面坯中的空气都挤出去，所以烤出的酥球会更细腻。本书将介绍黄豆粉、抹茶两种口味的做法。这款莎布雷与日式调味方法非常相似，是款人见人爱的小点心。

材料单

[黄豆粉口味] (可做32个)
发酵黄油 (无盐) ━ 60g

A
┌ 低筋面粉 ━ 30g
│ 玉米淀粉 ━ 30g
│ 黄豆粉 ━ 17g
│ 杏仁粉 (去皮) ━ 37g
└ 绵白糖 ━ 27g

[抹茶口味] (可做32个)
发酵黄油 (无盐) ━ 60g

A
┌ 低筋面粉 ━ 35g
│ 玉米淀粉 ━ 35g
│ 抹茶 ━ 2g
│ 杏仁粉 (去皮) ━ 37g
└ 绵白糖 ━ 28g

· 黄豆粉和抹茶口味中,准备阶
段及制作方法皆同。图片为黄豆
粉口味的制作图。

准备工作

○黄油软化。
○材料A中,除杏仁粉要用粗孔
筛网外,其余均用细孔筛网来
筛,然后混合后再过一遍筛(用
粗孔筛网)。
○烤盘上铺一层烤盘纸。
○烤箱预热(烤成温度160℃)。

搅拌盆中倒入细砂糖,橡皮刮刀
抵住盆底大幅用力碾压搅拌,直
至材料均匀细滑。

加入材料A,按莎布雷搅拌法
(P13)搅拌至散颗粒状。

将面坯集中到盆的里侧,采用按
压搅拌法(P14)进行操作。
· 注意不要在同一位置反复按压。
每按完一次要略改变位置继续碾,
保证每次压在面坯上的力道均一。

将面坯分成小块,每块约6g。分
好后用手掌将其压扁,压扁状态
下手掌反复揉搓7~8下。揉搓过
程中两手渐渐放松,间隔拉大,
这样就会迅速制成球形。
· 面坯分成小块,每分一块都放在
电子秤上,数值一直是6的倍数即
可。这样做既精确又高效。
SIMPLE这种揉搓方法可使点心格
外好吃。制作太拖沓,面坯表面会
黏手,面坯也会软塌。

面球间留出间隔,依次摆放在烤
盘里。

放入预热好的烤箱烤14~16分
钟。黄豆粉口味上色较重,点心
整体烤得焦黄,底面也要上色;
抹茶口味的点心边缘微变色,底
面也要上色。烤完后呈上述状态
说明制作成功了。烤好后取出晾
凉,绵白糖用茶网满满地撒在酥
球表面。
· 掉下来的绵白糖用酥球底面蘸上。
· 图片展示了莎布雷烤好的颜色,
右边为黄豆粉口味,右边为抹茶口味。

MEMO
在受潮前尽早食用。保存时将其
放入密闭容器中常温贮存。

咸味芝士饼

面坯中大量地融入芝士，使材料中的辣味和香味更为突出。这款点心较厚，咬开时的感觉很容易上瘾哦。同时这款点心也很适合做下酒菜。本配方由"点心作坊RUSSOURCES"的新田亚由子女士提供。

材料单（可做42个）

发酵黄油（无盐）— 70g

细砂糖 — 15g

盐 — 1g

A [全蛋 — 20g
　　鲜奶油 — 11g

帕尔玛干酪（细丝）— 60g

B [低筋面粉 — 100g
　　高筋面粉 — 21g

帕尔玛干酪
　　（细丝·装饰）— 适量

红胡椒 — 适量

· 如果没有帕尔玛干酪，可以用
芝士粉代替。

准备工作

○黄油软化。

○材料A搅匀。

○材料B过筛拌和。

○烤盘铺上烤盘纸。

○烤箱预热（烤成温度160℃）。

盆中放黄油、细砂糖、盐，用橡皮刮刀搅拌，一定要将材料都刮到。

材料A一点点地倒入盆中，每加一次都要搅匀。直至出现光泽、黏手厚重的感觉。

· 橡皮刮刀立起，用刮刀前端进行刮搅。

加入帕尔玛芝士，刮刀将材料从搅拌盆里侧归集在身体一侧。

加入材料B，按莎布雷搅拌法搅拌至呈颗粒状（P13）。

将材料推到对面，按按压搅拌法（P14）搅至整体泛白细滑。

搅好的面坯装入塑料袋，用擀面杖擀开后封口装入平盘后，放入冰箱冷藏30~60分钟。

面坯切成2.5cm的小方块，留有间隔地摆放在烤盘中。撒上帕尔玛芝士（装饰用），如果有红胡椒，可在每个小块上点缀一点儿。

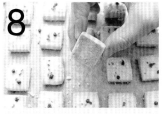

放入预热好的烤箱中烤15~20分钟，烤至边缘部分微微上色。取出放在晾架上晾凉。

· 若上色不均匀，可在微微上色时掉转烤盘。

MEMO

放置宜潮，请尽快食用。保存时选用密闭容器，常温下贮存。

香草口味半球酥

这款点心与"法式油酥球"一样不加蛋，主要材料包括黄油、面粉和细砂糖。搅拌时使用搅拌机。技巧简单，的确可以轻松搞定。这款点心之所以好吃，就是因为揉搓成形比较用力，这种方法可挤出空气，让点心更松脆，也让口感更加细腻。香草一定要用新鲜的，只加一种也无妨。

材料单（可做15个）

发酵黄油（无盐）— 80g
低筋面粉 — 120g
细砂糖 — 26g
百里香、迷迭香 — 共2g
盐 — 1/12小茶匙（约0.3g）
绵白糖 — 适量

准备工作

○黄油切成1cm的方块，放入冰箱冷藏30~60分钟。
○低筋面粉过筛。
○百里香和迷迭香除去枝叶切碎。
○切碎时每段3mm左右。
○烤盘里铺上烤盘纸。
○烤箱预热（烤成温度170℃）。

材料除了绵白糖外统统倒入搅拌机中搅拌均匀。
SIMPLE搅拌机搅拌完成后，这款点心的搅拌工作就完成了大半。

搅拌后将材料倒入搅拌盆，手持刮刀（拿的位置靠前），按莎布雷搅拌法（P13）的要领从右至左贴底刮搅，直至材料呈颗粒状。

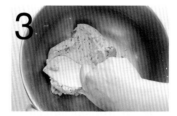

将面坯推至里侧，采用按压搅拌法（P14）搅至面坯泛白。

每块面团分成15g左右的小块。每个用手掌轻轻搓圆后压扁，然后用力搓揉7~8次。力道渐小，手掌间隔渐宽，快速搓成球。
SIMPLE与"法式莎布雷酥球"的制作技术相同，很轻松地就可使材料的表面变得黏稠松软。

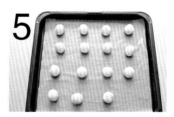

成形后中间留出空隙，依次放入烤盘中。

放入预热好的烤箱中烤20~25分钟，待其表面微微变色，底面完全上色后关火。取出后放在晾架上晾凉。将绵白糖用滤茶器撒满表面。
·掉落的绵白糖用酥球底面蘸上。

MEMO
在香味未消、点心未受潮前尽早食用。保存时放入密闭容器中，常温贮存。

榛仁脆饼

这款点心只用了坚果、蛋清和绵白糖，却十分美味，令人动心。
搅拌手法十分简单。它隐约泛甜，是因为添加了一点点速溶咖啡的缘故。细砂糖的甜
可以中和咖啡的微苦，所以它并不太甜。希望大家能好好享受这一份成熟的松脆。

材料单（可做27个）

蛋清 — 27g
速溶咖啡（颗粒）— 2g
绵白糖 — 100g
榛仁（去皮）— 105g

准备工作

○绵白糖过筛。
○烤盘纸铺在烤盘上。
○烤箱预热（烤成温度180℃）。

1 烤箱开160℃预热15~20分钟，榛仁放进烤箱烤至中心变成褐色。烤好后倒入盆中，用擀面杖捣碎至原来的1/6~1/2大小。

·用擀面杖细平一面捣碎。

2 搅拌盆中依次加入蛋清、1/5绵白糖、速溶咖啡。每加一样都要用打蛋器轻轻搅匀。

·要握在打蛋器钢丝部，搅拌时注意不要裹入空气。

3 倒入剩余绵白糖的1/2后，隔热水快速搅拌。当材料温度在50~60℃时撤去热水。

·热水温度以接近沸水为佳。
·材料的温度在夏季是保持在50℃左右，冬天在60℃左右。切忌温度过高。

4 加入榛仁，用橡皮刮刀大力搅拌10~15次。

5 用汤匙将材料均匀地盛到烤盘上，每块直径2.5cm左右，中央不要太平，一定要有厚度。

6 在预热好的烤箱中烤8分钟后，然后温度调至170℃继续烤5分钟。烤好后表面干燥，用指尖轻压后饼身不算太硬、有些掉渣程度最好，而饼干底部也要完全上色。注意不要烤得太硬。烤好后取出放在晾架上晾凉。

·烤过头口感会差很多。

MEMO
请在受潮前尽快食用，在常温密闭容器中保存。

费南雪

烤制前在模具中厚厚地涂一层黄油，烤出的费南雪表皮边缘像用油炸过一样焦香酥脆。烤好后第二天入口仍绵软，真的是一款多味。

本配方由东原绫子女士（东原女士从前在我的甜品店"Oven·Mitten"工作，现任甜品店"Le Signet"店长）提供。

材料单（可做10个费南雪）

发酵黄油（无盐）— 100g

蛋清 — 100g

A
- 低筋面粉（紫罗兰）— 30g
- 低筋面粉（点心）— 15g
- 杏仁粉（去皮）— 47g
- 细砂糖 — 105g

黄油（无盐）— 适量

- 费南雪烤模要略深。
- "点心"面粉产自日本。可在烘焙用品专卖店购买。
- 模子内侧涂上黄油，切记不要用发酵的，普通黄油即可。

准备工作

○ 材料A中的两种面粉用细孔筛网过筛，杏仁粉细砂糖用粗孔筛网过筛后，和筛好的面粉再用粗孔筛网再筛一遍装入搅拌盆中。

○ 模子内侧厚厚地涂上一层黄油（无盐）。

○ 烤箱预热（烤成温度200℃）。

准备一个平盘装水备用。小锅中加入发酵黄油（无盐），用橡皮刮刀一边搅一边开大火加热，锅内材料开始变焦关小火。等黄油颜色焦化成褐色，立即将锅坐在平盘里冷却停止焦化。

- 锅内材料在和其他材料混合前温度维持在60℃左右。

搅拌盆中倒入蛋清，隔热水搅拌，同时蛋清温度也升至人体体温程度。

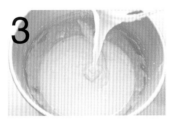

将第2步的蛋清倒在材料A的搅拌盆中，用打蛋器沿盆壁大幅搅拌30圈，将其搅匀。搅好后抬起打蛋器，若材料顺滑地流下来，说明搅拌成功。

第1步材料过筛倒入盆中，继续搅拌30圈左右。搅好后抬起刮刀时面糊像蜂蜜一样，拉丝顺滑，又不失黏稠。接着用刮刀从底部舀起，查看黄油是否凝结。

- 注意不要搅拌过度。

将搅好的面糊倒入模具中，每个倒入八分满，倒好后顿一顿，挤破表面的气泡。

- 倒面糊时可考虑用裱花袋操作，这样更省力。

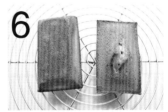

放入已预热的烤箱中烤10~12分钟，烤至边缘烤焦，底部完全上色。烤好后脱模放在晾架上晾凉。

MEMO

烤好后放入点心专用的透明袋（OPP袋）密封后，在冰箱中可冷藏5日左右。食用前回温至常温即可。

费南雪蛋糕

本配方蛋黄接近四合蛋糕（磅蛋糕别名，源自配方中面粉、糖、鸡蛋、黄油分量相同，也叫四个四分之一蛋糕）比率。这款蛋糕相比无蛋黄的费南雪甜度不高，而且也与玛德琳蛋糕略显不同，口味高贵典雅。烤模有时可尝试使用妙芙杯。请大家好好享受这外皮焦香、内心绵软的"冲突"之味吧。

材料单（上底直径7cm×下底直径5cm×高3cm妙芙模6个）

发酵黄油（无盐）— 92g

全蛋 — 81g

蛋清 — 35g

细砂糖 — 52g

A ┌ 低筋面粉 — 46g
  │ 杏仁粉（去皮）— 58g
  └ 细砂糖 — 52g

香草豆荚 — 2cm

黄油（无盐）— 适量

·模具内侧涂上黄油，切记不要用发酵的，普通黄油即可。

准备工作

○材料A的低筋面粉用细孔筛网过筛，杏仁粉用粗孔筛网过筛，各种粉末筛好后放在一个塑料袋中，加入细砂糖摇匀。

·两种粉末一同过筛，里面会裹入空气，导致蛋糕坯过度膨胀，所以要分开过筛。

○香草豆荚用刀纵向剖开取子。

○模子内侧用毛刷厚厚地涂上一层黄油（无盐）。

○烤箱预热（烤成温度180℃）。

MEMO

用保鲜膜包好后装入密封袋中，再放入冰箱冷藏可保存5天。食用前放至常温即可。

1 准备一个平盘装水备用。小锅内加入发酵黄油（无盐），开大火烧开，开始焦化时用分餐勺搅和，关小火。待颜色变成褐色，立即使锅坐平盘中停止焦化。

·焦化到适当程度，口味才会更好。

·焦化好的黄油在和其他材料混合前温度要保持在60℃左右。如果在第4步混合前已经冷却可再加热至60℃。

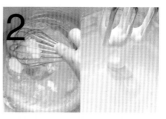

2 搅拌盆中加全蛋、蛋清、细砂糖，用打蛋器轻轻搅匀。然后换成电动打蛋器开高速打发4~5分钟，材料能够沿着打蛋器顺流而下为止。

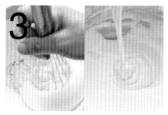

3 加入材料A，握住打蛋器，立起，沿盆壁大幅搅50圈，要将面糊整体搅拌均匀。提起打蛋器，面糊如果像蜂蜜一样顺流而下即停止。

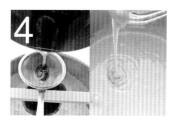

4 添加香草子，再倒入第1步（筛入盆中），按第3步方法搅拌。搅好后面糊拉丝、顺滑、黏稠。

5 倒入模具中，每个模具中只需倒入八分满，倒入后顿一顿挤出气泡。**SIMPLE** 本书选用了妙芙杯做模具。其实模具形状很能影响点心的口感。如果您已经能够熟练操作，不妨试试不同的材料和模子，会有意想不到的效果哦。

6 放入预热好的烤箱中烤18分钟左右，蛋糕坯边缘稍稍烤焦，底面完全上色。取出脱模，放到晾架上晾凉。

·边缘部分如果烤焦，刚烤好时口感松脆，过些时间会渐渐绵软。

Q 市面上的烤箱种类五花八门，做点心哪款比较好？

A 首先我认为烤箱内空间的大小很重要。虽然有时烤箱大小受厨房空间限制，但我还是认为尽量选择空间大的烤箱。像烤戚风蛋糕这种本身很高的点心时，如果烤箱内空间狭小，点心表面很有可能会烤焦，不容易成功。无论是电烤箱还是燃气烤箱，都建议大家选用对流型的烤箱。对流烤箱就是加热过程中，烤箱内会产生对流热风，可对食材进行全方位烘烤。如果仅仅是上下管加热，那么像磅蛋糕这样，侧面面坯较大的点心，左右两边就难以上色，火候也难以均衡。

此时，对流烤箱还有一个特点就是预热时间短，尤其是燃气型会更快。

Q 请教一下各类点心都配什么饮料好呢？

A 基本上所有点心都可配以冷热适中的清茶食用。但如果点心中含有巧克力，无论是零食、曲奇饼、莎布雷，还是本书介绍的"榛仁脆饼"，都建议搭配咖啡。

我的甜品店"Oven·mitten café"经常会泡制一些用新鲜香叶做的花草茶。我个人比较喜欢柠檬美人樱（法式verbena）的花草茶。在法国如果提到"花草茶"，店家一定会端来柠檬美人樱，另外，泰国菜中经常登场的柠檬草，用它的茎来泡茶也非常好喝。当然，几种香草泡在一起也不失为一个好的选择。

仅用花草泡茶味道固然不错，但如果泡一点儿红茶或是绿茶混合在一起，可以中和茶中的青草味，喝起来会更加沁爽。

德国罗纳菲特公司出产的路易波士茶也很不错。没有怪味，基本和所有的蛋糕都很合衬。

Q 糖的分量可自行增减吗？

A 本书介绍的配方均是经过反复试行，配比各味道比重、面坯的结构后得出的结果，当然糖的含量也是斟酌好的。如果自行增减分量，不只是甜度，就连烤好的效果、口感甚至整个点心的味道都会失衡，难免做不出我想传授的味道。

但如果为将来学习之用而更改配方中的分量也并无不可。相信只是增减砂糖的2%~5%含量，就可以察觉到味道会大不相同。但如果增减分量高达10%，就会做成完全不同的面坯来。

法式海绵蛋糕、磅蛋糕、曲奇类的点心，口味会受糖分含量的影响。慕斯及果冻类稍作增减则不要紧。

冷藏凝固成形的点心 第2章

本书汇集了意式奶油布丁，法式白布丁、原味布丁的制作方法。只需在牛奶和淡奶油的基础上添加天然的香气和颜色，再倒好凝固就做成了，可以说是真正的"技巧简单"。本书的配方比较重视甜品的口感和回味。所以做出的甜品都回味无穷。相信以后会时常登上您的餐桌吧。

姜味意式奶油布丁

本配方中需用牛奶煮生姜。如果采用姜汁或姜粉的话味道太大，按书中的制作方法做出来的布丁，它隐隐透出的姜味和香草之味相辅相成。另外，加了香辛料的黑糖（类似中国的红糖）汁令食欲更增。

材料单（可做5杯200mL的布丁）

[黑糖汁]

A {
黑糖 — 50g
水 — 110g
丁香 — 5粒
桂皮 — 5cm
}

生姜 — 净重24g
牛奶 — 350g
香草豆荚 — 3cm
明胶片 — 6g多一点儿
细砂糖 — 40g
淡奶油 — 190g

·桂皮与肉桂同为樟科树皮做成的香料，桂皮比肉桂香味浓。如果手边没有，可用肉桂枝取1/2根粗略捣碎代替。明胶片选用德国Ewald公司的产品"明胶片silver"（左图），有黏度、入口即化。用日本Maruha公司的明胶片则需要80%的分量。如用Jellice公司生产的"明胶A–U"则分量不变，只是需要5倍的水发好备用。

准备工作

○生姜削皮切成3mm的片，然后用刀背轻轻拍打。
○香草豆荚纵向切开去子。
○明胶片浸在冷水中发15~20分钟。

MEMO

蒙上保鲜膜可在冰箱中冷藏保存3~4日。
布丁较软，不太容易脱模。所以可用玻璃杯盛装，不必脱模。冷藏后直接食用。

制作黑糖水的材料倒入锅中开中火加热，沸腾后关小火煮1分钟。关火后在锅里晾凉后倒入搅拌盆中。

取另一只锅加入生姜、牛奶、香草豆荚和香草子，盖上盖子小火加热，期间生姜可用橡皮刮刀切碎。煮5分钟后关火，利用蒸汽闷15分钟。

发好的明胶沥干水分加入锅中，顺便加入细砂糖，用打蛋器搅拌材料使之全部溶化。

搅匀后过滤到搅拌盆中，滤网里的生姜可用橡皮刮刀按压挤出姜汁。
SIMPLE 按压生姜会提升姜味。

加入淡奶油轻轻搅匀，隔冰水搅至液体逐渐浓稠。
SIMPLE 向奶液中加入淡奶油后只需凝固就做好了，虽然很简单，但味道会很香。

6.依次倒入玻璃杯中后放入冰箱冷藏4~5小时，食用时倒上黑糖汁即可。

法式咖啡白布丁

白布丁顾名思义，颜色是白的，但这款加入了咖啡，稍显褐色。咖啡豆和其他自己喜欢吃的豆类捣碎掺在牛奶里就做好了，十分简单。这款点心虽其貌不扬，但吃到嘴里却是满口咖啡浓香，想必您吃过一口，一定会大吃一惊吧。

材料单（上底直径6cm×下底直径4cm×高3cm的巴伐露斯盅8个）

A ⎰ 咖啡豆 — 25g
　⎱ 牛奶 — 300g
　细砂糖 — 37g
　明胶片 — 6g
　淡奶油 — 150g

·巴伐露斯盅容量为70mL。

前一天准备

○材料A中的咖啡豆放入搅拌盆中，用擀面杖的平头部分粗略捣碎。然后倒入牛奶置于冰箱冷藏一天。

·用擀面杖的平头部分捣碎。

SIMPLE 咖啡豆不必研磨，泡在牛奶中就可以香味十足。

准备工作

○明胶片浸水（材料单之外）泡发15~20分钟。

MEMO

蒙上保鲜膜可冷藏保存3~4日。食用前用小盆装50℃的热水，再将小盅浸在水里1~2秒（注意不要没过小盅），然后脱模。

1 将材料A滤到搅拌盆中。滤好后称量一下，若没有225g可添些牛奶（材料单以外），加入细砂糖后再用打蛋器静静搅拌至溶化。

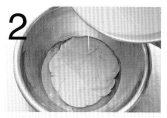

2 明胶沥干水分放置一个小盆中，隔热水使其溶化。材料温度维持在40~50℃后倒入第一步的材料50mL，用打蛋器搅匀。

3 第2步的液体过滤至第1步的盆中，用打蛋器搅匀，记住不要搅出气泡。

4 另取一盆倒入淡奶油隔冰水搅拌。电动打蛋器开低速搅拌，为使液体能像水一样稀，接近五分打发即可（五分打发会更稠一些，像蜂蜜一样）。

·打发完毕后，隔冰水放置不动或放入冰箱冷藏。

5 第3步材料隔冰水，一面冷却一面搅拌至液体变稠。搅拌好后撤去冰水，再倒入第4步材料，用橡皮刮刀搅匀，液体略见浓稠。

6 倒入模具中放入冰箱冷藏4~5小时。脱模后食用。

Le signet甜品屋的招牌布丁

配方中增加了蛋黄的分量，带出了浓浓的蛋味，而牛奶里也加了些炼乳，让这款布丁融合了更多的奶香。

此外，糖中有一部分启用了黄糖，也使布丁更细腻、柔软。食用时请先品尝原味，感受它的细腻，然后再配上焦糖一起享用。鸡蛋和牛奶的比例稍有变化，味道就会发生微妙的变化。不妨在家试一试。

本配方由甜品屋Le signet的店长东原女士提供。

材料单（可做6杯100mL的布丁）

蛋黄 — 68g
全蛋 — 50g
细砂糖 — 54g
炼乳 — 68g
牛奶 — 365g
蔗糖 — 18g

[焦糖]
细砂糖 — 30g
热水 — 8mL

· 蔗糖与细砂糖相比味道比较独特，这种特殊的涩味有时会把其他食材的香味盖住。本配方中各材料的配比都是反复试验后的最佳搭配，制作点心时要格外注意。

· 蒸烤时用的2个平底盘是铝制4号的标准平底盘（276mm×211mm×35mm）。实际上，只要两个盘子倒扣在一起时，上面的盘子不会把布丁杯口封住，可以用其他耐热性的深口平盘来代替。

准备工作
○烤箱预热（烤成温度150℃）。

MEMO
布丁本身很软，可不必脱模，直接食用。
蒙上保鲜膜冷藏，当天内食用。

搅拌盆中放蛋黄和全蛋，用打蛋器打散，再加入1/5的细砂糖搅拌至其溶化。

锅中放牛奶、炼乳、蔗糖以及剩余的细砂糖，开中火加热至40~50℃，其间用橡皮刮刀不停搅拌。

将第2步材料中的1/6 加到第1步的盆中，用打蛋器搅拌搅匀。再将第2步剩余的材料倒进去搅拌，搅匀后再经筛网过滤回锅中。

液体表面的小气泡可用橡皮刮刀推至锅边上除去。再盖上厨房纸在常温下放置1小时左右。
·此处如用保鲜膜会使水汽凝结，而后掉在材料里，所以本配方选择了厨房纸。

制作焦糖（P52），搅匀地盛装在玻璃杯中。
·焦糖较浓，稍有苦味会更好吃。
·焦糖盛装时不必铺满杯底。

将第4步的材料开小火加热，同时用橡皮刮刀静静搅拌，直至液体温度和体温相当。将其等量倒入第5步的玻璃杯中，摆在平盘里，用竹签将表面的气泡戳破。

平盘里注入50~60℃的热水（不在材料单中），水深1~1.5cm，再盖上另一个平盘。

· 为了使布丁液能慢慢烤好，水温不要太热。

放进预热好的烤箱中烤30~40分钟，把杯子左右轻晃时，表面可微微颤动即可。烤好后取出晾一会儿，然后冷藏1小时30分钟左右直至完全冷却。

· 没烤好时杯子表面会不停颤动。另外，可用指尖轻按表面确认状态，有弹性即可。

焦糖

搅拌盆中装冷水（不在材料单之内）备用，将锅预热。

锅中均匀地倒入细砂糖，不要搅拌，用大火熬。糖基本熔化时换中火，此时可用汤匙或木制锅铲搅拌至全部熔化。

细砂糖焦化熬开，出现小气泡时可关小火。不停地确认糖的颜色，当糖色完全变化时关火加热水，同时用汤匙或木铲不停地搅拌。

用汤匙取少量焦糖滴入冷水盆中，查看糖浆是否不会扩散，凝结成固体。

· 如果糖浆在水中扩散开来，则需继续熬煮。

· 加热水可能会引起迸溅，注意安全。

MEMO

所需焦糖量小不易制作。原本刚做好的是最好吃的，但量太小还是一次多做些，分成小份用保鲜膜包好。这样可存在冰箱中冷藏保存。但请在3天内用完。

红茶布丁

为了让红茶回味悠长，本书使用了两种茶叶。当然，事先将茶叶捣成碎末也是其茶味浓郁的诀窍。这款布丁口感紧实，略硬，有弹力。

材料单（上底直径7cm×下底直径5cm×高5cm的瓷质法式小炖盅5个）

牛奶 — 420g
红茶叶（格雷伯爵） — 10g
红茶叶（大吉岭） — 5g
全蛋 — 100g
细砂糖 — 50g
[焦糖]
┌ 细砂糖 — 30g
└ 热水 — 8mL

・小炖盅容积约160mL。
・蒸烤时使用的2个平底盘为铝制4号标准平底盘（276mm×211mm×35mm），但只要可容纳炖盅，用其他容器代替平底盘也可。

准备工作

○两种红茶混合后用指尖碾碎。
SIMPLE红茶叶用指尖碾碎便能突出茶香。这种方法同样适用于处理芝麻。
○烤箱预热（烤成温度150℃）。

1

锅中倒入牛奶开中火，煮沸后加入两种茶叶。再次沸腾后关小火，盖上盖子熬5分钟后关火焖10分钟。

2

茶水过滤倒入搅拌盆，筛网上残留的茶叶晾一会儿，用厨房纸包上挤出汁。做好后称重，如果不足310g可添加牛奶（材料单之外）。然后加1/2的细砂糖，用橡皮刮刀轻轻搅拌溶化，晾至36℃。

・和其他材料混合前如果冷却，可垫上热水或直接加热。

MEMO
裹上保鲜膜冷藏存放3~4天。

3

另找一个盆放入全蛋和余下的细砂糖，用打蛋器轻轻搅匀。

4

将第2步材料倒入盆中搅匀，再取一个盆将液体过滤后倒进去。

· 第2步的材料倒入前要先确认温度是否是36℃。

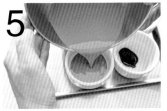

5

焦糖（P52）做好后分别放入炖盅里，再将搅好的液体倒入炖盅里，摆放在烤盘中，表面气泡用竹签戳破。

· 焦糖不用铺满碗底。

6

平盘中倒入1～1.5cm深的50~60℃热水，将另一平盘倒扣在上面，放入预热好的烤箱中烤30分钟，表面凝固后，用手按下有弹力，然后取出冷藏90分钟。

简单平实的蛋糕

第3章

本章介绍的杯装蛋糕、妙芙、巧克力蛋糕等都是用模具做好，稍烤一下就可以了。虽然不需要裱花等工序，可以轻松搞定，但蛋糕做好后，其成就感却有增无减。这些蛋糕有的松软、有的浓稠，各具特色。大家学会后请尽情享用这些口感各异的美食吧！

香蕉杯装蛋糕

香蕉口味的蛋糕可谓人见人爱。但它做起来就不那么容易了。香蕉的水分和黏糯会令面坯过重，又或过硬。我可以告诉大家，要想做出口感好的蛋糕，诀窍就是适度打发。依照本书的配方一定能做出松软、轻盈的蛋糕来的。

材料单（上底直径7cm×下底直径5cm×高3cm妙芙杯6个）

发酵黄油（无盐）— 100g
红糖 — 10g
细砂糖 — 50g
全蛋 — 60g
香蕉（面坯）— 100g
A ⎡ 低筋面粉 — 110g
⎣ 泡打粉 — 2g
香蕉（装饰）— 50g

准备工作

○ 黄油软化。
○ 材料A混合均匀。
○ 纸质蛋糕杯放入模具中。
○ 烤箱预热（烤成温度180℃）。

MEMO

如果在材料中加入1/2小茶匙香菜子末和1/4小茶匙青砂仁（绿豆蔻）末与香蕉一起，会使蛋糕口味格外成熟、神秘。当然只加一种香料也可。

烤好后当日食用。如果想保存，可用保鲜膜包好后放入密封袋中冷藏。食用前用烤面包炉加热一下。

1

搅拌盆中加黄油、红糖、细砂糖，用橡皮刮刀搅匀。

2

电动打蛋器高速打发30秒后，材料泛白。

· 切忌搅拌时间过长。

3

加入全蛋开高速打发至三分发泡，材料略膨松。

· 开始搅拌时，材料没有搅拌在一起，随着搅拌的持续进行，材料中渐渐裹入空气，拌和在一起了。

SIMPLE 鸡蛋一般是分几次倒入后拌匀的，但本配方中要求一次性都加进去，因为面坯中鸡蛋分量不多，这样做也可以搅匀。

4

香蕉用叉子背压碎，注意不要压出水。用作装饰的香蕉切片，每片3mm厚，18片。

5

盆中加入压碎的香蕉搅匀。再加入材料A，用橡皮刮刀拌和30~35次，采用杰诺瓦士搅拌法（P16）将材料搅至看不到白色粉末为止。

· 搅拌到看不见白色粉末即可。不要搅拌过度。

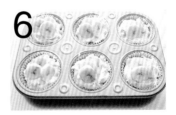

6

拌好后将面坯均匀地装入蛋糕杯中，杯中装八分满即可。再在每个杯子上面装饰3片香蕉片。然后放入预热好的烤箱中烤25~28分钟。烤好后（蛋糕裂缝处也要微微上色），脱模放在晾架上晾凉。

杂莓芝士妙芙蛋糕

这款妙芙蛋糕被做成了圆形。粗糙的口感别有一番风味，外观也十分精巧可爱。面粉和牛奶不要搅拌得太过均匀，这样烤出的蛋糕才更加好吃。这款蛋糕的独到之处就是采用了美式做法——使用了泡打粉。当然，本配方用到的操作技巧也同样简单。

材料单（直径18cm的圆模1个）

发酵黄油（无盐）— 70g
红糖 — 70g
细砂糖 — 24g
全蛋 — 70g
牛奶 — 70g

A ⎡ 低筋面粉 — 175g
　 ⎣ 泡打粉 — 4g

B ⎡ 树莓（冷冻）、蓝莓（冷冻）、黑加仑（冷冻）—
　 ⎣ 共160g

奶油奶酪 — 80g
金宝（P62）— 80g
薄荷叶（装饰）— 适量

准备工作

○黄油软化。
○材料A过筛。
○材料B取40g留作装饰。
○奶油奶酪切成1.5cm的块。
○金宝的制作参照P62。
○圆模里铺一张烤盘纸。
・圆模里铺一张烤盘纸，每个角落都要压实，不太服帖也不必太介意。
○烤箱预热（烤成温度180℃）。

MEMO

烤好后当天食用。如果放置一夜，需放在烤面包炉里热一下才好吃。

当然，这款点心可以在妙芙模里烤制。配方中各材料只需九成分量，可做6个上底直径7cm×下底直径5cm×高3cm的妙芙。

1 盆中放黄油、红糖、细砂糖，用橡皮刮刀刮搅均匀。

2 电动打蛋器开高速打发3分钟，材料泛白膨松即可。

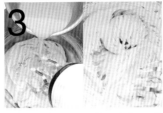

3 蛋液分3次加到盆中，每加一次要开高速搅1分30秒。搅好后材料表面的轨迹清晰可见。
・气温较高时，蛋液倒入后材料有时会软塌，此时可隔冰水使材料降到17℃，等冷却后再打发。

4 加入1/4材料A，用刮刀按杰诺瓦士搅拌法（P16）搅拌15下。
・搅拌后面坯中仍有一些粉末残留，切记不要搅过头。

5 加入1/2牛奶继续搅拌8次。
・这步不要求牛奶完全搅匀。

6 在面坯中还能看到牛奶时，倒入余下的材料A的一半，继续搅拌15次。接着再倒入其余的牛奶后再搅8次。最后倒入余下的材料A，再搅拌10~12下。
・拌好的面坯中仍有白色粉末，不必搅拌得过于细滑。
・粉末和牛奶交替倒入盆中后，每次都是在没完全搅匀时，就倒入下一种材料。

加入材料B（装饰部分除外），用橡皮刮刀大幅搅拌4~5下。

·材料B未解冻直接加入，面坯温度下降略微变硬。如果材料B解冻后倒入盆中搅拌，会因出水而令面坯变质，颜色也不再新鲜。

将搅和好的面坯的1/3装入圆模中，平铺一层奶油奶酪，然后再将剩余的面坯倒入，用刮刀将表面刮平，撒上金宝和材料B留作装饰的水果。

放入预热好的烤箱中烤50~55分钟。烤好后用刀戳中心部位，面坯不要有稀软的感觉。脱模在晾架上晾一会儿，装饰薄荷叶。

金宝

材料单（一次可做出来的量）

低筋面粉 — 56g
杏仁粉（去皮）— 56g
细砂糖 — 42g
盐 — 1小撮
发酵黄油（无盐）— 50g

准备工作

○黄油切成1cm小块后冷藏。
○低筋面粉过筛。杏仁粉过筛（粗孔）。

MEMO
掌握时间，不要拖沓，否则黄油会软塌。此外，黄油在开始时温度很高会黏手，所以要事先冷藏一会儿。
金宝用完后余下的部分用保鲜膜包好冷藏，可保存1周，冷冻则可保存3周。

除黄油以外，其余材料倒入盆中用手大致拌匀。

加入黄油，用指尖将黄油中心碾碎，同时使之黏上盆里的粉末。

将黄油碾得更碎，拌匀。

·指尖捏住黄油，快速使之与粉末拌匀。

继续捏成芝士粉状，这时材料呈小颗粒状，不要有大块即可。

香橙巧克力妙芙蛋糕

香橙搭配巧克力也十分好吃。香橙皮和果肉都添加在内，风味十足。巧克力的甜与香橙的酸混搭在一起，使味道更加鲜美。

材料单（直径18cm圆模1个）

发酵黄油（无盐）— 70g
红糖 — 70g
细砂糖 — 24g
全蛋 — 70g
牛奶 — 70g
A ┌ 低筋面粉 — 175g
 └ 泡打粉 — 4g
香橙皮（擦碎）— 1.5个
香橙果肉 — 150g
考维曲巧克力
（可可含50%~55%）— 60g
金宝（P62）— 80g

准备工作

○黄油软化。
○材料A过筛。
○材料B取40g留作装饰。
○奶油奶酪切成1.5cm的块。
○金宝的制作参照P62。
○圆模里铺一张烤盘纸。
·圆模里铺一张烤盘纸，每个角落都要压实，不太服帖也不必太介意。
○烤箱预热（烤成温度180℃）。

操作方法参照杂莓芝士妙芙蛋糕。在第2步操作完成后加入果皮，按杰诺瓦士搅拌法（P16）拌和5次（①）。在第7步中不必加杂莓，加入切好的香橙瓣和考维曲巧克力（②），最后在表面摆上装饰材料（③）。烤成时间为35~40分钟。

温水巧克力蛋糕

这款蛋糕就像它的名字，要加入大量的温水。配方中乳制品和鸡蛋分量不多，面粉也没有多少，这样更能衬托出巧克力和洋酒的味道。这款蛋糕不用完全烤熟，只需搅拌，入口便非常绵软，操作也十分简单。

材料单（直径18cm的圆模1个）

考维曲巧克力
（可可含量60%~65%）— 87g
考维曲巧克力
（可可含量50%~55%）— 30g
发酵黄油（无盐）— 63g
红糖 — 75g
温水（50℃左右）— 90g
全蛋 — 45g

A [低筋面粉 — 37g
可可粉 — 25g
泡打粉 — 3g]

柑曼怡利口酒 — 30g

准备工作

○考维曲巧克力粗略切碎（药片大小，无须加工）。
○材料A过筛。
○模具中垫入烤盘纸。垫在侧面的纸要事先在下面剪开小口，折到底部。然后将剪成圆形的纸垫在圆底上。
○烤箱预热（烤成温度170℃）。

MEMO

烤好后要等到第二天以后吃最好。烤好后不用脱模，盖上保鲜膜可冷藏1周左右。脱模、切块后待蛋糕恢复常温才可食用。
熔岩点心类如果从冰箱取出，恢复至常温再吃，就有入口即化的软糯口感了。可以根据自己口味理解常温的概念，个人建议在18℃左右。

1 搅拌盆中放入两种巧克力和黄油，隔热水溶化。撤去热水冷却至人体体温程度。

2 加入红糖，用打蛋器搅匀。
· 红糖不必完全溶化。

3 加入50℃左右的温水，搅拌均匀。
· 水和巧克力糊可能会暂时呈现分离状态，继续搅拌就会融为一体。第2步中未溶化的红糖也会完全溶化。

4 加入蛋液搅匀。

5 加入材料A，竖着握住打蛋器。沿盆壁大幅慢慢搅拌50~60次，不留死角。

6 倒入柑曼怡利口酒后搅匀。蛋糕糊略稀，然后静静倒入模具中。
· 烤盘纸侧面接缝处黏上面糊封死。

7 送入预热好的烤箱中烤15~17分钟。表面裂缝处用竹签慢慢插入，前端会黏上黏稠的巧克力，插入边缘处竹签什么也黏不到说明成功了。

8 竹签插入蛋糕中心处，竹签会黏上巧克力糊。蛋糕模具晾在晾架上晾凉直至完全冷却，然后用保鲜膜包住放入冰箱冷藏。

黑加仑熔岩巧克力蛋糕

本配方不适用面粉，追求入口即化的口感。加入黑加仑会令蛋糕更加黏软且黑加仑本身的酸涩配上巧克力使味道更加和谐。这款蛋糕和"温水巧克力蛋糕"一样操作简单，都不必烤熟。

材料单（直径15cm圆模1个）

考维曲巧克力
（可可含量60%~65%）━ 100g
考维曲巧克力
（可可含量50%~55%）━ 30g
发酵黄油（无盐）━ 75g
全蛋 ━ 145g
细砂糖 ━ 85g
可可粉 ━ 28g
黑加仑（冷冻）━ 85g
·可可含量60%~65%的是PECQ
公司出产的"super 瓜瓦基尔"，
可可含量50%~55%的是可可百利
公司的"Excellence"。
·可可粉选用"梵豪登纯巧克
力。"

准备工作

○考维曲巧克力粗略切碎（药片
形状，无须加工）。
○黑加仑25g留作装饰。
○模具中垫入烤盘纸。侧面部分
事先在下面剪小口，折到底部。
然后将剪成圆形的纸垫在圆底
上。
○烤箱预热（烤成温度180℃）。

MEMO

烤好冷却后当天内食用。不脱膜
包上保鲜膜可冷藏保存2~3天。
食用前脱模切块，恢复至室温。
可根据个人口味撒上绵白糖或抹
上奶油。

搅拌盆中加入两种巧克力和黄油
隔热水，溶化后撤去热水冷却至
体温程度。

另取一个盆，放入全蛋和细砂
糖，用打蛋器搅匀。隔热水搅至
液体温度与人体体温相同为止。

电动打蛋器开高速打发第2步的
材料，发至4~5分钟后提起打蛋
器，材料流下来时略显厚重，堆
在一起（呈丝带状）。然后开低
速继续打发3~4分钟，使材料均
匀细腻。

第1步的材料里倒入可可粉，打
蛋器搅拌至稀软。

·搅好后材料在30℃左右。

将搅好的第4步材料倒进第3步
的材料中，用橡皮刮刀大幅搅
拌120~140次，直至蛋糕糊细腻
且出现光泽。

加入黑加仑，用刮刀小心搅拌
5~6次搅匀。注意搅拌过程中不
要弄碎水果。

·冷冻的黑加仑加入后，蛋糕糊温
度会下降，面坯也可以更紧实。

倒入模具中，用刮刀抹平，上面
摆上装饰用的黑加仑。

送入预热好的烤箱中烤17~20分
钟。烤好后连带模具一起放在晾
架上晾凉。

·烤好后，在距蛋糕边缘1cm的
地方插入竹签，没黏上巧克力；
再在距蛋糕边缘2cm处插入竹
签，黏上稠稠的巧克力。

榛仁布朗尼

这款蛋糕口感松软，却又不失水分。加上榛仁令蛋糕不会太甜，恰到好处。但如果搅拌次数不够，蛋糕就不会太细腻，所以一定要按书中介绍，搅拌时一下也不能少。此外，注意火候，不要烤过头。

材料单（24cm×17cm平盘
1个）

全蛋 — 105g
细砂糖 — 126g
考维曲巧克力
（可可含量60%~65%）
— 80g
A 考维曲巧克力
（可可含量50%~55%）
— 25g
发酵黄油（无盐）— 84g
高筋面粉 — 63g
榛仁（去皮）— 90g
·可可含量60%~65%的是PECQ
公司出产的"super 瓜瓦基尔"，
可可含量50%~55%的是可可百
利公司的"Excellence"。
·可可粉选用"梵豪登纯巧克
力。"

准备工作

○材料A的考维曲巧克力粗略切
碎（药片形状，不需加工）。然
后和黄油一起加到盆中，隔热水
溶化后撤去热水冷却至体温程
度。
○高筋面粉过筛。
○平盘中垫上已剪好口折好的烤
盘纸。
○烤箱预热（烤成温度170℃）。

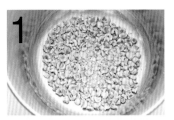

1

榛仁倒入烧热至160℃的锅中焙
煎15~20分钟。待内部变色后关
火。然后用擀面杖的细平头将其
捣至原来的1/6~1/2大。
·操作时擀面杖要用细长的平底部
分。

2

搅拌盆中加入蛋液和细砂糖，电
动打蛋器开高速打发至三分发，
蛋糊浓稠泛白即可。
·这一步无须开低速搅拌细致。

3

加入材料A，用打蛋器搅拌。

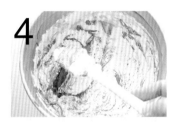

4

加入高筋面粉，用橡皮刮刀按
杰诺瓦士搅拌法（P16）搅拌
70~80次，面糊稀软光亮即可。

5

倒入榛仁搅匀。

6

将搅好的材料倒入平盘中，用刮
板将材料抹平，铺满平盘，不
留死角。将平盘顿一顿消泡。然
后送入预热好的烤箱中烤15~18
分钟。烤好后用竹签插入中心部
分，如果没黏上蛋糕，要立即取
出。稍稍冷却后脱模晾在晾架
上，直至完全冷却。
·如果烤过头，蛋糕会干巴巴
的，很粗糙。

MEMO

保存时要切块装入透明OPP袋中
冷藏。可保存1周左右。食用前
回温。

法式蔬菜咸蛋糕

法式咸蛋糕是一款在法国很受欢迎的"副食蛋糕"。蛋糕中加入了很多新鲜蔬菜。
它很适合作为小吃、早午餐，搭配白葡萄酒或矿泉水，所以在咖啡店很受欢迎。
这款蛋糕全程只用一个盆，自然比法国咸派更简单，很适合待客之用。但想要做出松
软的蛋糕，还要记住不能过度搅拌。因此本配方中用了三根筷子取代打蛋器，操作简
单。

材料单（长21cm×宽8cm×
高6cm的磅蛋糕模具1个）
以下＜　＞里的数值适用于长
18cm的磅蛋糕模具）

A [低筋面粉 — 125g<110g>
　　泡打粉 — 5g<4g>
芝士粉（或格鲁耶尔芝士碎）
— 55g<48g>
全蛋 — 115g<100g>
牛奶 — 70g<62g>
色拉油 — 70g<62g>
盐、白胡椒粉 — 各1/4小茶匙
<相对少点儿＞
炒洋葱 — 36g<30g>
里脊火腿 — 3片
红彩椒 — 1个
西葫芦 — 1根
绿芦笋 — 3~5根
圣女果 — 3个
芝士粉（装饰）— 少许
· 馅料合计250g。
· 洋葱切碎后用色拉油（材料单
之外）炒至变色，飘出香味。
· 芝士除了用格鲁耶尔芝士以
外，也可以用帕尔玛干酪代替。
· 盐和芝士种类很多，每种含
盐量都不同，可做微调。

准备工作
○材料A中的低筋面粉和泡打粉
一同过筛。
○红彩椒的1/3切6mm的丁，其
余留作装饰。
○里脊火腿切6mm的丁。
○西葫芦取1/3根切1cm的块，
其余切片留作装饰。
○绿芦笋切除根部坚硬部分，粗
的部分削皮。
· 长出模具的部分切短。
○圣女果纵向切开。
○磅蛋糕模具铺上裁好的烤盘
纸。
○烤箱预热（烤成温度180℃）。

M E M O
烤好后第二天以后想吃的时候，要
先放入面包炉中重新加热。
在第5步的面坯上可以撒些欧芹
碎末，也同样好吃。此外还可以
加入西兰花、胡萝卜、南瓜、马
铃薯等蔬菜。

1
塑料袋中加入材料A和芝士粉充
分摇匀，让材料多裹入些空气。

2
搅拌盆中加入全蛋打散，再倒入
牛奶和色拉油搅匀。期间加入盐
和白胡椒粉不停地搅拌。

3
按图片拿法握住3根筷子。
SIMPLE如果用打蛋器进行搅拌，
材料中加入芝士后会很黏，容易堆
积在钢丝间无法顺利完成，且蛋糕
烤好后容易出筋、变硬。3根筷子
是解决这些问题的小诀窍。

4

第2步中加入第1步材料，3根筷子垂直与面坯搅拌35~40次，按咸蛋糕搅拌法（P17）搅至面糊泛白为止。

5

倒入炒好的洋葱、红彩椒（切丁）、里脊火腿、西葫芦（切块），用橡皮刮刀按杰诺瓦士搅拌法（P16）搅7~8次。
・这步也不能搅拌过头。

6

将第5步面坯的1/2倒入模具中。

7

均匀地摆放好绿芦笋后，倒入剩下的面坯，用刮刀抹平。

8

在上面摆上装饰用的红彩椒、西葫芦、圣女果，再撒上一层芝士粉。放入烤箱中烤45~50分钟，待蛋糕表面上色，侧面也完全上色，脱模放在晾架上晾凉。

三文鱼芝士咸蛋糕

这款蛋糕搭配的馅料很吸引人。奶油芝士做成棒状横放在材料中，与三文鱼的确是新颖的组合。蛋糕表面配上圣女果、洋葱和莳萝，五彩斑斓。这款蛋糕很适合作为宴会上绚丽的主食。

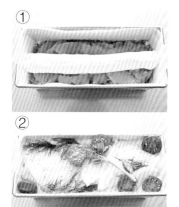

材料单（长21cm×宽8cm×高6cm的磅蛋糕模具1个）

A
- 低筋面粉 — 125g
- 泡打粉 — 5g

芝士粉 — 55g
全蛋 — 115g
牛奶 — 70g
色拉油 — 70g
盐、白胡椒粉 — 各1/4小茶匙
炒洋葱 — 36g
洋葱 — 1/4个（大号）
莳萝 — 10根
烟熏三文鱼（五分熟）— 100g
奶油奶酪 — 100g
圣女果 — 3个
芝士粉（装饰）— 少许
·洋葱切碎后用色拉油炒香变色。炒好后可冷冻保存，可以多炒些。

准备工作

○材料A中的低筋面粉和泡打粉一同过筛。
○洋葱切成3~4mm厚的片。
○莳萝除去根部较硬部分。
○奶油奶酪包上保鲜膜卷成长度与模具相等的棒状。
○圣女果纵向切成两半。
○模具中铺上裁好的烤盘纸。
○烤箱预热（烤成温度180℃）。

制作方法与法式蔬菜咸蛋糕相同。第5步中只需加入炒好的洋葱搅拌。然后将面糊的1/3倒入模具里，先后铺上1/2个洋葱、7根莳萝、烟熏三文鱼，再在中央撒上一层芝士粉（①），倒入剩下的面糊。最后在表面依次放上余下的洋葱、3根莳萝和圣女果，让几种颜色搭配得漂亮些。给表面的洋葱抹上些橄榄油（②），再撒上一些芝士粉。烤制时间为50~55分钟。

其他口味02

金枪鱼煮蛋咸蛋糕

就算没有烤箱，这款咸蛋糕也可以用平底锅做出来。本配方中特别选择了几种孩子爱吃的馅料。

材料单（直径20cm平底锅）

A [低筋面粉 — 125g
  泡打粉 — 5g
芝士粉 — 55g
全蛋 — 115g
牛奶 — 70g
色拉油 — 70g
盐、白胡椒粉 — 各1/4小茶匙
炒洋葱 — 36g
金枪鱼（罐头）— 净重120g
小香葱末 — 30g
白煮蛋 — 2个
色拉油 — 适量

·洋葱切碎后用色拉油炒香变色。炒好后可冷冻保存，可以多炒些。

准备工作

○材料A中的低筋面粉和泡打粉一同过筛。
○金枪鱼沥净汤汁。
○白煮蛋切瓣。

制作方法参照法式蔬菜咸蛋糕。也是第5步中加入炒洋葱、金枪鱼、香葱（①）搅10次。平底锅加油点小火，用厨房纸蘸油在锅中画一圈，可以将油铺开，也可以拭去多余的油。将搅好的面坯倒入锅中1/2，上面均匀摆上鸡蛋（②）再倒入剩下的面坯。盖上盖子文火加热15分钟，待蛋糕表面烤干为止。翻面继续烤5分钟，待蛋糕边稍稍烧焦就关火（③）。

·蛋糕翻面时，左右各拿一把锅铲比较好操作。如果再备上一个大点儿的锅，可以将蛋糕直接倒扣在里面，也可以简单地翻面。

·这款蛋糕很容易烤焦，火候要非常小，烤制时一定要一直看着。

美式玉米面包

美国家庭常见的一品。我的配方中加入了淡奶油，使蛋糕味道更别致，更平易近人。这款蛋糕制作时打发了鸡蛋，非常松软。此外，想成功，搅拌时要和咸蛋糕一样，只要白色粉末消失就不能继续搅拌了。

材料单（长18cm×宽8cm×高6cm的磅蛋糕模具1个）

发酵黄油（无盐）— 35g

A
- 牛奶 — 105g
- 淡奶油 — 40g

全蛋 — 44g

细砂糖 — 22g

B
- 高筋面粉 — 38g
- 低筋面粉 — 68g
- 泡打粉 — 5g
- 玉米粗粉 — 70g
- 盐 — 2g

玉米粒（罐头）— 净重50g

玉米粗粉（装饰）— 适量

 · 玉米粗粉（corn grits）是将去皮去芯的玉米粒做成的玉米糙。还能吃到小玉米粒，经常用来做玉米面包和妙芙。磨得再细些叫做玉米细糙（cornmeal），再细一些就是玉米粉了（corn flour）。

准备工作

○材料B的高筋面粉、低筋面粉和泡打粉倒在一起过筛后，装入塑料袋中加玉米粗粉和盐，摇匀。

○玉米粒沥干水分备用。

○模具里垫上剪好的烤盘纸。

○烤盘预热（烤成温度180℃）。

MEMO

烤好后最好当天食用。放久了蛋糕会干巴巴的，请尽早食用。烤好后第二天以后想吃之前，在烤面包炉里加热一下。

配上酸奶油或蜂蜜也很好吃。

小锅里加黄油用文火熔化，然后立即倒入材料A中搅匀，待材料的温度和体温差不多即可。

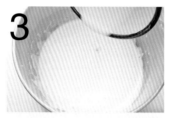

加入第1步的材料用打蛋器搅匀。蛋糊表面浮出气泡为止。

第3步的盆里加入材料B，用3根筷子按杰诺瓦士搅拌法（P16）垂直搅拌35~40次，搅至面糊泛白为止。不要搅拌过度。

面糊倒入蛋糕模。

· 面糊比较稠软，但最好不要太细腻。

搅拌盆中加入全蛋和细砂糖电动打蛋器开高速搅拌2~3分钟，打好后，蛋糊舀起来流回锅中呈丝带状。

按图所示握住3根筷子。

SIMPLE 如果用打蛋器进行搅拌，面糊很容易堆积在钢丝中，无法顺利完成。用筷子简单搅拌可以做出松软的蛋糕。

盆中加入玉米粒，用刮刀按杰诺瓦士搅拌法（P16）搅拌5~6次。

面坯表面撒满玉米粗粉（装饰），送入预热好的烤箱烤35分钟，烤好后裂口处也应稍稍上色，然后脱模放在晾架上晾凉。

洋葱火腿玉米面包

玉米面包也可以用平底锅来烤，看，是不是更易操作？这款点心容易烤焦，烤制过程中一定要全程小火，且要时刻监督面坯的状态。

制作方法参照"美式玉米面包"。第2步中要用打蛋器搅拌至材料泛白（①）。因为不需要打发太多，就不需要用电动打蛋器。在第3步操作完毕后加入白胡椒粉。第6步中加入玉米粒，还要加炒洋葱和火腿丁（②）。平底锅倒油后点小火，用厨房纸蘸上油在锅中画一圈，可以将油铺开，也可以拭去多余的油。然后将面糊倒入锅中，盖盖子用文火烤11~12分钟，待其表面全烤干（③）后，翻面继续烤4分钟，两面颜色烤到恰到好处时关火。

·用锅烤时，材料的搅拌工具可自由选择，这里用了打蛋器。

·翻面时，左右各拿一把锅铲会比较好操作。如果有大一点儿的锅，可以在翻面时直接扣到这个锅里，很简单。

·这款蛋糕很容易烤焦，最好全程用文火，且时刻在旁边监督烤制过程。

材料单（直径20cm平底锅）

发酵黄油（无盐）— 35g

A
  牛奶 — 105g
  淡奶油 — 40g

全蛋 — 44g

细砂糖 — 22g

白胡椒粉 — 1/4小茶匙

B
  玉米粗粉 — 70g
  高筋面粉 — 38g
  低筋面粉 — 68g
  泡打粉 — 5g
  盐 — 2g

炒洋葱 — 1大茶匙

里脊火腿 — 2片

玉米粒（罐头）— 净重50g

色拉油 — 适量

·洋葱切碎后用色拉油炒香变色。炒好后可冷冻保存，可以多炒些。

准备工作

○材料B放入塑料袋摇匀。
○里脊火腿切6mm的丁。
○玉米粒沥干水分。

法式全蛋海绵蛋糕 第4章

我们将挑战经典的海绵蛋糕——法式全蛋海绵蛋糕。我的配方比一般配方加重了砂糖的分量，搅拌时气泡很容易上劲，不易破裂；蛋糕烤好后也十分蓬松。此外，大量的低筋面粉、牛奶和黄油也使蛋糕的口感甘甜适中。制作时多搅拌几下也不会影响效果，就当练习搅拌面粉了。如果大家能把这些都做好，就可以迈向"中级水平"了。

草莓蛋糕

面粉加入后要搅拌100次以上，这样才能做出细腻、绵软的蛋糕坯来。收尾时利用奶油自然的纹理简简单单地装饰一下也十分漂亮。抹坯时不必费心地使表面厚度均匀，随便抹得漂亮些即可。

材料单（直径18cm圆模具1个）

[蛋糕坯]

- 水饴 — 6g
- 全蛋 — 150g
- 细砂糖 — 110g
- 低筋面粉 — 100g
- A ┌ 发酵黄油（无盐）— 26g
  └ 牛奶 — 40g

[糖浆]

- ┌ 细砂糖 — 25g
- │ 水 — 75g
- └ 樱桃利口酒 — 20g
- 草莓 — 1盒

[奶油]

- ┌ 淡奶油 — 275g
- └ 细砂糖 — 13g

准备工作

○低筋面粉过筛。

○材料A倒入小盆待用。

○模具的侧面垫上剪好口的烤盘纸后，底部折好，再在上面垫上裁好的圆纸。

·所需的烤盘纸要用蛋糕专用硅油纸。可在烘焙用品专卖店或网店购买。

○烤箱预热（烤成温度160℃）。

MEMO

做好后最好当天食用。

蛋糕坯抹坯前一天事先烤好。密封后常温下保存。夏天要冷藏。如果想多保存些时间，可冷冻保存2周左右。使用时自然解冻即可。

水饴放进小盆中，表面用保鲜膜盖上，隔热水软化。

·水饴很黏，不太好驾驭，计量时可先将盆内抹上点儿水，用手抓取之前将手蘸湿。

·也可以将水饴放在耐热容器里蒙上保鲜膜，用微波炉加热。

大号搅拌盆里倒入鸡蛋和细砂糖，用打蛋器打散。隔热水将砂糖搅拌溶化。待蛋液温度达到40~43℃时撤去热水。加入变软的水饴，用打蛋器搅拌溶化。

·蛋液过热要立即取出，冷却至40~43℃。

·水饴溶化时蛋液温度要在36℃上下，就是人体体温程度。

电动打蛋器高速发泡4~5分钟，拎起打蛋器，蛋液自然垂落堆在一起（呈丝带状）。然后将材料A放入盆中隔热水保温。

·垂落的蛋液可保持3~5秒的形状（蛋糊略变硬）。

·材料A的温度保持在40~50℃，让黄油溶化。

打蛋器换至低速继续打发2~3分钟，蛋糊此时十分细腻，出现气泡。

·用牙签插进蛋糊1~2cm深，能保持2~3秒不倒正好。可以在竹签前端1~2cm处事先标记一下。

用橡皮刮刀将黏在盆壁上未搅匀的蛋糊刮到中央（P91）。盆壁刮净后，用刮刀将蛋糊再次涂在盆壁上，高度高过平面3cm。

·盆壁刮净后，随后倒入的面粉容易黏在上面。这样在盆壁上再涂一层面糊，面粉黏在上面也搅拌得到。

低筋面粉迅速筛入盆中，用橡皮刮刀按杰诺瓦士搅拌法（P16）搅拌35~40次，直至白色面粉看不到为止。

·低筋面粉事先已筛过一遍，这里用粗孔筛网再筛一遍即可。筛网一次可以筛多少就筛多少，尽量一次多筛些，可快速操作完毕。

7

材料A顺着橡皮刮刀倒入盆中，采用杰诺瓦士搅拌法（P16）继续搅拌100~120次。搅好后面糊细致光亮，舀起来似蜂蜜般流回盆中。

·材料A倒入前必须保证温度在40~50℃。

·面糊越搅就越细，但注意橡皮刮刀搅拌太用力或太快，会将面糊里的小气泡消泡。

·搅拌次数不够，蛋糕会比较粗糙。如果你已经熟练掌握技巧，可一口气搅120次。

8

用刮刀将盆壁上的面糊刮到盆中（P91），一次倒入模具中。拿起模具顿1~2下，震破表面的气泡。

9

放入预热好的烤箱中烤33~35分钟。烤好后蛋糕边缘略回缩，表面烤成焦黄色。取出后将蛋糕带模一起从桌子上方20cm处落下，以防蛋糕外层回缩。

10

脱模后倒过来放在晾架上。晾5~6分种后翻面晾凉。

收尾

准备工作

○制作糖浆。小锅加入细砂糖和水后点火熬煮。煮沸后关火晾凉，再倒入樱桃利口酒。

○草莓纵向切成6~7mm的薄片。

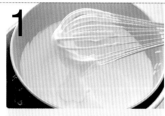

1

制作奶油。盆中倒入淡奶油和细砂糖，用打蛋器搅拌七分发泡。提起打蛋器。奶油较黏稠地回落就打发好了。

·这里先将奶油打发至七分发泡。抹坯前再将要用的奶油打发至八分发泡。

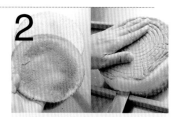

2

揭去蛋糕纸，用抹刀将底面上色部分片掉后，烤面朝下，用夹板垫住，将蛋糕坯横着切片，片成3等份。

·每片厚1.5cm左右。

3

最底端的一片切面朝上，毛刷蘸糖浆从左至右刷匀（涂满一层用掉1/4糖浆），取1/4奶油再次打发，放在蛋糕上用抹刀抹平。

· 抹刀操作时食指顶住刀面，刀柄和刀面连接处的两端用拇指和中指夹住，其余手指握住刀柄，用朝下的刀面涂抹奶油。

4

将奶油推抹开，涂满整个蛋糕坯后盖上第二层蛋糕坯。

5

操作方法与第3步相同，将糖浆刷好后抹奶油，然后将切好的草莓摆满。在草莓上再涂一层奶油，用抹刀抹平。

· 草莓不要太满，以防最后被挤出来。

6

将糖浆刷在最后一片蛋糕的切面上，然后切面朝下放在蛋糕上，再在蛋糕表面上刷上剩下的糖浆。刷好后按住边缘将其按实。

7

将蛋糕放在面板上，打发剩下的奶油后倒在蛋糕的中央，接着用抹刀将其抹开，抹好后奶油要从边缘处稍稍下滑。

· 抹刀大概抹5~6次，将奶油抹平。

8

拿起面板上下颠一下，使奶油从边上缓缓流淌下来。可根据个人口味装饰上草莓（不在材料单内）。

SIMPLE 用转台来裱花装饰还是很难的。为了能做出简单而好看的装饰，我想了这个办法。未经细致雕琢的外观与水果蛋糕的外形很相配。

原味蛋糕卷

低筋面粉不多，鸡蛋很多，总之这款蛋糕卷鸡蛋风味浓郁。蛋糕坯非常松软，所以不需要刷糖浆就可以卷得很漂亮。

材料单（30cm×30cm的烤盘）

[蛋糕坯]
- 水饴 — 15g
- 全蛋 — 240g
- 细砂糖 — 110g
- 低筋面粉（特级紫罗兰）—90g
- 牛奶 — 40g

[奶油]
- 淡奶油 — 170g
- 细砂糖 — 10g

绵白糖 — 适量

·低筋面粉用了细颗粒的"特级紫罗兰"。因此烤好后，蛋糕会比较松软，容易上卷。可在烘焙用品专卖店购买。

准备工作

○牛奶回温至室温程度。
○准备2个烤盘，其中1个铺上蛋糕专用硅油纸。硅油纸底面剪口，侧面立起来比烤盘高1.5倍左右。
·烘焙时要将2个烤盘叠放在一起，可中和烤箱的火候。
·制作蛋糕坯时要使用蛋糕专用纸，可在烘焙店购买。
○烤箱预热（烤成温度180℃）。

MEMO
冷藏保存。
切块前抹刀要加热。每切1块都要将刀浸在热水里，然后擦干。

水饴倒入小盆中盖上保鲜膜，隔热水软化。
·水饴很黏，不好驾驭，计量时可先盆内侧抹上点儿水，用手抓取之前，将手蘸湿。
·盖上保鲜膜，水饴表面有隔断，可防止变硬。
·也可以将水饴放在耐热容器里盖上保鲜膜，用微波炉加热。

大号搅拌盆里倒入鸡蛋和细砂糖，用打蛋器打散。隔热水将细砂糖搅至溶化，待蛋液温度达到40~43℃时撤去热水。
·注意温度不要过高。

倒入变软的水饴，用打蛋器将其搅匀。
·倒水饴时橡皮刮刀黏上的部分可以用打蛋器刮到盆里。

蛋糊温度保持在36~40℃，电动打蛋器开高速五分发泡，拎起打蛋器，蛋糊自然垂落后堆在一起。接着开低速继续打发2~3分钟使蛋糊十分细腻。
·参考"草莓蛋糕"的第3步至第5步。

筛入低筋面粉，用橡皮刮刀按杰诺瓦士搅拌法（P16）翻搅30~35次，直至白色面粉看不到为止。
·这款蛋糕的低筋面粉比草莓蛋糕中的分量少，不容易搅拌，容易形成颗粒。虽然用杰诺瓦士搅拌法进行操作，但搅拌过程中，每次在刮刀翻上来时面朝上，然后上下抖一下，把刮刀上的面粉抖落。

牛奶顺着刮刀倒入盆中，继续搅70~80次，搅好的面糊蓬松光亮。舀起来像蜂蜜一样缓缓流下。
·比"草莓蛋糕"还要松软。

将搅好的蛋糕糊倒入铺好纸的烤盘中，用刮板将其刮平。

· 刮板由左至右将蛋糕糊抹平。最后在烤盘的四个角上用刮板轻轻贴一下，使蛋糕糊整体高度相同。

端起烤盘向下顿一下，震破蛋糕糊表面的气泡。然后再在下面垫一个烤盘，放入预热好的烤箱中烤14~16分钟，烤好后表面呈焦黄色。期间如果觉得颜色烤得不均匀，在第12分钟时将烤盘掉转180°继续烤。

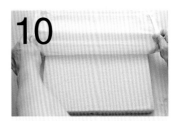

烤好后撤去烤盘放在晾架上，盖上硅油纸晾凉。

· 盖上一层纸可防止蛋糕坯失去水分。

将蛋糕坯翻过去，慢慢揭开烤盘纸，再将纸重新盖在上面，翻面使烤面朝上。

· 这张烤盘纸后面还会用到，不要丢掉。

成形

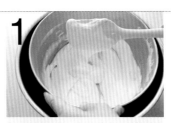

打发淡奶油。在盆中加入淡奶油和细砂糖，隔冰水用橡皮刮刀打发至八分发泡。

将打发好的奶油倒在蛋糕坯的烤面上，用抹刀涂抹均匀。

· 曲柄抹刀操作起来更加容易。

· 奶油要迅速抹开，否则会变得干巴巴的。

SIMPLE用来做蛋糕卷的蛋糕坯，在卷起来之前一般都要刷层糖浆或是切齐。但按本配方做出的蛋糕坯可以直接上卷，操作简便。

距离蛋糕坯一侧边的3cm处，顺势连烤盘纸一起抬起蛋糕坯。

· 刚揭开的硅油纸既软又湿润，最适合用来卷蛋糕坯了。

用指尖按压着，将蛋糕坯卷好芯。

顺势用烤盘纸将蛋糕坯提起来。一面按实一面卷。以此类推。

卷好后接缝朝下，双手放在上面塑形。冷藏10分钟以上定形。将两端切齐，食用前绵白糖过筛撒在上面。

小专栏

制作点心"温度第一"

新手往往不太在意，要制作点心，温度的管理很重要。比方说黄油的温度如果能控制在适当范围内，那之后的操作也会很顺手了。蛋糕糊也会很成功，蛋糕也会很好吃。其实，控制温度也是做好蛋糕的诀窍之一。

本书明确记述的材料或面糊的温度，请务必遵守。确认温度时您需要一个温度计。已有的厨房温度计拿来用也可，但有一种红外线温度计可以立即确认温度，在制造点心过程中非常方便。可以在烘焙用具专卖店购买。

左：红外线温度计。按在测量对象上，利用红外线立刻知晓温度，性能卓越。

右：可检测热锅中的材料或是可测量离得较远的物体。

水果蛋糕卷

从切面可以看到各种颜色的水果，真是一款让人不由自主心情愉快的蛋糕。本配方由新田亚由子女士提供。这款蛋糕的坯料与"原味蛋糕卷"不太一样，但都是由松软可口的海绵蛋糕做成的。

材料单（30cm×30cm烤盘）

[蛋糕坯]
┌ 全蛋 ━ 180g
│ 细砂糖 ━ 90g
│ 低筋面粉（特级紫罗兰）━82g
└ 牛奶 ━ 30g

[糖浆]
┌ 细砂糖 ━ 8g
│ 水 ━ 17g
└ 樱桃利口酒 ━ 4g

[奶油]
┌ 淡奶油 ━ 150g
└ 细砂糖 ━ 12g

爱吃的水果
（草莓、香橙、猕猴桃）━ 共230g
绵白糖 ━ 适量

· 低筋面粉用了细颗粒的"特级紫罗兰"，因此，烤好后蛋糕会比较松软，容易上卷。可从烘焙用品专卖店购买。

准备工作

○牛奶倒入小盆，回温至室温程度。
○准备2个烤盘，1个铺上蛋糕专用硅油纸，油纸底面剪口使侧面立起来比烤盘高1.5倍左右。
· 烘焙时要将2个烤盘叠放在一起。可中和烤箱的火候。
· 制作蛋糕坯时要用蛋糕专用油纸（可在烘焙用品专卖店购买）。
○烤箱预热（烤成温度190℃）。

MEMO
冷藏保存。
切块时抹刀要加热，每切1块要将抹刀浸在水里然后擦干。

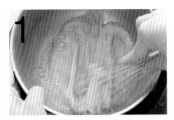

盆中倒入全蛋和细砂糖，用打蛋器打散。隔热水将糖搅化，待其温度升至36~40℃时取出。
· 温度不要太高。

电动打蛋器开高速搅至五分发泡，提起打蛋器蛋糊顺着钢丝汩汩流下，显得厚重。换成低速继续打发3分钟左右，面糊变得细致均匀。
· 搅好后，蛋糊很有弹力，密度很大。

筛入低筋面粉，用橡皮刮刀按杰诺瓦士搅拌法（P16）搅拌70~80次。

将第3步中的材料倒入牛奶盆中少许，用电动打蛋器的搅拌头拌和均匀。再将第3步的材料顺橡皮刮刀倒回第3步的盆中。再按杰诺瓦士搅拌法（P16）慢慢搅拌15~20次，搅拌好的面糊很稀，有光泽。

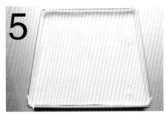

将蛋糕糊倒入铺好硅油纸的烤盘中，用刮板将其抹平，端起烤盘向下顿一下震破表面的气泡。下面再垫一个烤盘。

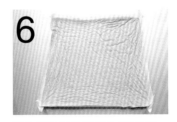

送入预热好的烤箱中烤8分钟，取出将烤盘掉转后，温度调至180℃，接着烤2分钟。蛋糕坯烤至上色，撤去烤盘将其平放到操作台等平面上晾凉。
· 不要揭去硅油纸，让蛋糕坯再闷一会儿，不要放在晾架上，放到平地上。

7

盖上一层硅油纸后翻面。将底面的硅油纸揭去后再盖在上面。

成形

准备工作

○水果切块。草莓和猕猴桃切成1cm的小块。香橙去皮后每瓣切成二三块。然后用厨房纸将水果擦干。

○熬煮糖浆。小锅里倒入细砂糖和水开火加热。煮沸后关火，冷却后加入樱桃利口酒。

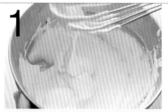

1

制作奶油。盆中倒入淡奶油和细砂糖，隔冰水用打蛋器打至八分发泡。

2

蛋糕坯烤面上刷一层糖浆。

· 揭去盖在表面的硅油纸时稍沾上些蛋糕坯也没有关系。

3

放上奶油，用抹刀抹匀后，将水果平铺在上面，前端空出3cm，里侧空出4cm。用抹刀轻轻将水果压到奶油里。

· 香橙块分别在距一侧3cm、9cm、15cm处一字排开，草莓和猕猴桃均匀地撒满。这样蛋糕切面才会更加好看。

4

将手边的一端连纸一起拎起3cm，用指尖轻轻压实做成芯。

顺势用烤盘纸将蛋糕提起，一面按实一面卷，以此类推。

卷好后接缝朝下，双手放在上面塑形。冷藏10分钟以上定形。将两端切齐，食用前绵白糖过筛撒在上面。

小专栏

刮扫蛋糕糊

　　将盆壁上黏的，或是橡皮刮刀、打蛋器上黏的蛋糕糊刮回盆中的过程叫做"刮扫"。

　　本书列出的材料精确到克，好不容易精确的配方如果不处理，这些黏上的面糊就浪费了。尤其是开始操作时，材料最容易迸溅，因此越是新手就越应该掌握刮扫的方法。

　　刮扫时可在做完1步进行下1步前，也可在面糊搅完后，还可在面糊倒入模具时进行。按要求刮扫，就不会伤了蛋糕糊；如果太用力，刮扫几下蛋糕糊就搅坏了。记住在倒入粉末前刮扫，加入粉末后尽量将蛋糕糊归集在一起。

钢丝黏上的材料，用拇指和食指2根2根地捋，从根部捋到顶端。

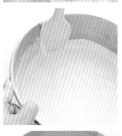

盆壁上黏的材料用橡皮刮刀的直边，按逆时针刮扫。操作时橡皮刮刀抵住盆壁，与盆壁成15°~20°。

刮好后橡皮刮刀上的蛋糕糊用手指抹掉甩回盆里。刮伤的和坚硬的蛋糕糊不必甩回盆里。

免烤芝士蛋糕

这款奶酪蛋糕明胶特别少，软得像奶酪霜一样。这款蛋糕制作方法极其简单，但做好后卖相很好（和制作前的状态相差甚远），估计大家做好后一定会十分惊讶。蛋糕坯用了切成厚片的海绵蛋糕，我们从海绵蛋糕开始做吧！

材料单（直径15cm×高4cm的慕斯圈）

[海绵蛋糕坯]
- 水饴 ━ 4g
- 全蛋 ━ 100g
- 细砂糖 ━ 73g
- 低筋面粉 ━ 66g
- 发酵黄油（无盐）━ 17g
- 牛奶 ━ 27g

[芝士糊]
- 蛋黄 ━ 20g
- 细砂糖 ━ 45g
- 牛奶 ━ 50g
- 香草豆荚 ━ 2cm
- 明胶片 ━ 2g多
- 淡奶油 ━ 150g
- 奶油奶酪 ━ 125g
- 柠檬汁 ━ 5g

[奶油霜]
- 淡奶油 ━ 50g
- 细砂糖 ━ 3g

准备工作

○海绵蛋糕参照"草莓蛋糕"（P80），用直径15cm的圆模具来烤。只是打发和搅拌的次数要适当减少。

○香草豆荚用刀纵向剖开取子。

○明胶片浸冷水15~20分钟泡好沥干水分。

○奶油奶酪用保鲜膜包好使之薄厚均一。放入微波炉加热30~60秒软化至25℃。

○将模子置于耐热平盘上，侧面贴上蛋糕专用OPP纸。

· 若没有OPP纸，可用烤盘纸代替。

MEMO

如果没有慕斯圈也可用直径15cm的圆模具代替。在底面和侧面铺好烤盘纸，先将芝士糊倒进模具中抹平，然后将蛋糕坯盖在上面，冷藏凝固。
冷藏时间不必太长。做好后当天吃完，如果想多保存几天，可冷藏保存2~3天。

海绵蛋糕烤好后，将烤面薄薄片去，然后横向切成1.5cm高的片。置于慕斯圈内。

· 余下的蛋糕坯用保鲜膜包好放入密封袋中，可冷冻保存2周左右。

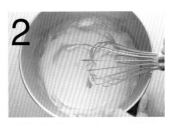

搅拌盆中倒入蛋黄和3/4的细砂糖，用打蛋器搅拌至泛白。

锅中加入牛奶和余下的细砂糖、香草豆荚和香草子，开中火煮沸。

锅中奶液倒入第2步的盆中，用打蛋器搅匀后再倒回锅中。文火加热，用橡皮刮刀不停地贴底刮搅均匀。加热2~3分钟后，刮搅时锅底留下刮痕蛋糊就做好了。关火。

加入明胶片搅化后，筛入第2步的盆中。搅匀后自然冷却至36℃左右。

另找一个盆，倒入奶油奶酪用打蛋器轻轻搅匀。向第5步盆中倒入柠檬汁，按三角搅拌法（P12）搅拌均匀、细致。

7

另找一个盆加入淡奶油，隔冰水，电动打蛋器开低速打发至七八分发泡。搅好后提起打蛋器，奶油稀软垂落回盆中为佳。搅好后一直放在冰水上。

8

第7步的材料倒入第6步的盆中，用打蛋器从中心向外画圈搅拌。每搅一圈，就用一只手将盆逆时针转30°左右，搅拌均匀后芝士糊很细滑。

SIMPLE 一般来说，加入淡奶油之前，第6步的材料（英式奶油酱）要冷藏才能黏稠，但本配方中并没有这样要求。只要按照配方认真操作，直接加入第7步的材料也无不可。

9

倒入模具中。

10

用抹刀将表面抹平后冷藏2小时左右。另取一盆倒入制作奶油霜的材料搅拌至八分发泡后，冷藏保存。

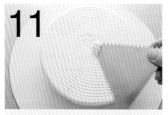

11

待蛋糕凝固成形后脱模放在转台上。中央放上奶油霜，一面旋转一面用抹刀抹平。用三角齿刮板刮出花纹。

·三角齿刮板倾斜30°，一角固定在圆心，另一只手将转台逆时针转1~2圈。

12

挤出来的奶油用抹刀将其薄薄地抹在侧面上，再冷藏15分钟左右。

本书用到的模具

［圆模］

直径15cm和18cm各一个。制作芝士蛋糕有时要隔热水烘焙，所以最好使用不锈钢材质的一体型圆模。如果模子是活底的，放在热水里会渗到面坯里的。而铝制模具则会生锈。但烤制一般蛋糕时可以用锡制的模具。

妙芙蛋糕/温水巧克力蛋糕/黑加仑熔岩巧克力蛋糕/草莓蛋糕/免烤芝士蛋糕

［磅蛋糕模具］

长18cm和21cm长条模具各一个。这两个模具是锡制的，受热均匀。不锈钢材质的模具有时侧面不易受热。咸蛋糕馅料太多，使用稍大的21cm的长条模。

咸蛋糕/美式玉米面包

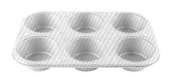

［妙芙模］

本书使用了上底直径7cm×下底直径5cm×高3cm的妙芙模具。烤前准备好尺寸适合的妙芙杯（纸质）。

费南雪蛋糕/香蕉杯装蛋糕

［慕斯圈］

直径15cm×高4cm，不锈钢材质。可用来烘焙和成形。

黄油核桃酥饼/免烤芝士蛋糕

［费南雪模具］

锡制。建议使用有点儿深度的模具。模具深，表面才会烤得很脆，里面才会松软，口感对比鲜明。

费南雪

［蛋糕卷专用烤盘］

30cm×30cm。用烤箱自带的烤盘也可以，但使用蛋糕卷专用的烤盘可以烤出漂亮的蛋糕坯。本书配方中将2张烤盘叠放在一起。这样可以中和火候，使蛋糕不易上色。

原味蛋糕卷/水果蛋糕卷

图书在版编目（CIP）数据

小嶋老师的美味点心秘诀 / （日）小嶋留味著；李倩，李瀛译.—沈阳：辽宁科学技术出版社，2014.1（2019.8 重印）

ISBN 978-7-5381-8380-1

Ⅰ.①小… Ⅱ.①小… ②李… ③李… Ⅲ.①糕点—制作 Ⅳ.①TS213.2

中国版本图书馆CIP数据核字（2013）第273400号

出版发行：辽宁科学技术出版社
　　　　　（地址：沈阳市和平区十一纬路29号　邮编：110003）
印 刷 者：辽宁新华印务有限公司
经 销 者：各地新华书店
幅面尺寸：168mm×236mm
印　　张：6
字　　数：150 千字
出版时间：2014 年 1 月第 1 版
印刷时间：2019 年 8 月第 4 次印刷
责任编辑：康　倩
封面设计：袁　舒
版式设计：袁　舒
责任校对：李淑敏

书　　号：ISBN 978-7-5381-8380-1
定　　价：28.00 元

投稿热线：024-23284367　987642119@qq.com
邮购热线：024-23284502
http://www.lnkj.com.cn